guide

导读

尼采《悲剧的诞生》

Nietzsche's 'The Birth of Tragedy':

A Reader's Guide

道格拉斯·伯纳姆 (Douglas Burnham)
马丁·杰辛豪森 (Martin Jesinghausen) 著

丁 岩 译

重庆大学出版社

目 录

　　这本书的目的不是概括或取代《悲剧的诞生》[1]一书,而是帮助读者深入阅读原著。我们希望读者将原著与本书同步阅读。读者可以一边阅读尼采如迷宫一样的论证,一边参考本书的评论。本书对原著所有的章节,及其中大部分的段落都有评论。在不同章节之间,我们尽量采用交叉引用的方式,以便读者阅读。我们不仅对尼采的论证以及文本风格进行解析,同时也提供背景信息。

---

[1] 我们用作"基准"的译本是:*The Birth of Tragedy*, trans. and ed. Raymond Geuss and Ronald Speirs, Cambridge: Cambridge University Press, 2007。这个译本还包括其他几个尼采早期的作品,非常有帮助。参考的标准德语文本是:*Kritische Studienausgabe*, ed. Giorgio Colli and Mazzino Montinari, Berlin: Walter de Gruyter, 1988. 第一卷。(1999 年由 dtv 再次印发)。导读可以参考:James I. Porter, *The Invention of Dionysus. An Essay on the Birth of Tragedy*, Stanford, CA: Stanford University Press, 2000, 以及 James I. Porter's essay 'Nietzsche and Tragedy', in Rebecca W. Bushnell (ed.), *A Companion to Tragedy*, Oxford: Blackwell, 2005。其他专业研究包括: M. S. Silk and J. P. Stern, *Nietzsche on Tragedy*, Cambridge: Cambridge University Press, 1983; Chapters 4-6 of Keith Ansell-Pearson (ed.), *A Companion to Nietzsche*, Oxford: Blackwell, 2006; and David B. Allison, *Reading the New Nietzsche*, Lanham, MD: Rowan & Littlefield, 2001. Also: Dale Wilkerson, *Nietzsche and the Greeks*, London: Continuum, 2006. 另见**进阶阅读书目**。

我们不希望本书抹杀原文,理解原文最好的方式就是阅读原文,体验原文的魅力。

　　重复和变化是尼采作品最明显的两大文体特征,我们会尽量帮助读者拨开迷雾,揭示尼采的真实意图。尼采文本的另一个特征是大量使用隐喻,尼采通过使用隐喻来进行学术批判,甚至有点反学术的意图。尼采的学术批判主要是针对既有学术领域(比如,文献学[尼采的老本行])长期以来形成的毫无生气的、僵硬的概念性语言。尼采的第二个批判对象是现代哲学中的概念性语言。尼采认为,如果隐喻是人类交流中最接近外部"事物本质"(true nature of things;叔本华语,尼采多次引用,参见**第 16 节**)的语言形式,那么所谓概念只不过是干涸的隐喻。概念经久使用,已经失去了它们原本的直观意义:概念已经忘记了它们曾经也是隐喻;它们与最初表达的意义再无任何关联。在反对"学习"这种死板语言的同时,尼采倡议创建一种更具洞察力的、更根本的、更具活力的,甚至偶尔带有诗意的语言——简言之,更富有生命力的语言(参见**第 8 节,注:尼采的语言哲学**),本书在内容和形式上也以此为目标。认真对待尼采在语言上的实验(本书的做法),使类似本书的导读书陷入一个方法论的困境。若要帮助当代读者深入理解《悲剧的诞生》,在很大程度上需要逆转尼采的哲学风格,则需概念化《悲剧的诞生》中的隐喻语言并对此进行解释。因此,导读本身就与尼采决心改革哲学风格的目的背道而驰,也有违尼采倡导的修正概念性写作的哲学标准。莎拉·考夫曼(Sarah Kofmann)在她的著作《尼采与隐喻》(*Nietzsche and Metaphor*)中提到了(并解决了,我们认为)这个方法论的难题。她提出,以尼采的语言风格来评论尼采是"不可能完成的任务",并且这样做有害无益。考夫曼说,"我们需要以概念性语言写作,但必须牢记,在这种语言中,概念的价值并不高于隐喻,且概念本身即是浓缩的隐喻",这种方式更接近尼采的风格;考夫曼也指出,更有意义的做法是"写作的同时进行谱系学解读,而不是以隐喻的方式写作;贬低概念的同时提倡隐喻,这才是标准做法"[1]。所以,我们将采取这样的做法:用传统学术写作的方式解释尼采的意图,同时也会指出这种学术写作方式的不足之处。

如果要问,读者(包括一般读者以及对尼采有特殊兴趣的读者)在阅读尼采发表的第一本著作时,能够得到什么益处,最简短的答案将是:这是一本非常吸引人的书,它简明扼要地将 19 世纪思想的方方面面呈现在读者面前。此书不仅为尼采其他的作品做了铺垫,也为 19 世纪后发生的文化及思想运动奠定了基础。因此,在第 1 章和第 2 章,我们将论述对尼采影响最大的几个事件,其他的影响会在本书主体章节(第 3 章)陆续提到。在第 4 章,我们会介绍《悲剧的诞生》一书发表后的反响,被读者接受的情况,以及它的长远影响。

作者注

本书大部分的准备和调研工作都是在德国及瑞士的尼采文献图书馆进行的。因此,我们特别感谢埃德曼·冯·维拉莫维茨-莫伦道夫(Erdman von Wilamowitz-Moellendorff)[2]先生带领我们浏览几个图书馆的馆藏,包括位于魏玛的阿玛丽亚公爵夫人图书馆(Herzogin Anna-Amalia Bibliothek)、古典基金会(the Klassik Stiftung)、尼采学院(Nietzsche Kolleg)、尼采之家(Nietzsche Haus)以及瑞士的上恩加丁(Upper Engadine)锡尔斯玛利亚(Sils Maria)

1　Sarah Kofmann, *Nietzsche and Metaphor*, London:Athlone Press, 1993, pp.2-3.

2　此处疑似原文有误。索引中作者写的是"乌尔里希·冯·维拉莫维茨-莫伦道夫(Ulrich von Wilamowitz-Moellendorff)"。——译者注的尼采之家基金会(Stiftung Nietzsche Haus),我们尤其要感谢尼采在瑞士的遗产监护人彼得·安德烈·布洛赫(Peter André Bloch)教授和彼得·维尔沃克(Peter Villwock)博士。感谢来自巴塞尔的阿尔弗雷德·海尼曼(Alfred Heinimann)博士和凯瑟琳·恩格斯(Kathrin Engels)女士,以及来自苏黎世的于尔格·阿曼(Jürg Amann)博士,他们使"瑞士的尼采"这一画面更加清晰。感谢斯塔福德郡大学研究基金(Research Fund of Staffordshire University),他们慷慨资助了这次文献调研。还要感谢不列颠现象学学会,在其2009年年度会议上,我们首次发表了这本书的一些观点。最后,我们要感谢同事和家人的耐心支持和指导。

背　景

尼采对《悲剧的诞生》一书的看法

尼采本人就是该书最严苛的批评者之一。《悲剧的诞生》出版十年后，尼采发表了《自我批评的尝试》（An Attempt at Self-Criticism，以下简称《尝试》）一文，文中他质问自己是否成功地创造了与新的形而上学风格相匹配的新的哲学写作形式。反观自己十年前的作品，尼采认为他的第一本书带来的问题远远超出了它所解答的问题。他认为书中还有大量瑕疵：冗长乏味，在反道德和反基督倾向的态度上过于腼腆，而且介绍叔本华和瓦格纳的篇幅也太长。本书会详细探讨这些问题。尽管如此，很明显尼采在某种意义上非常珍惜《悲剧的诞生》一书，因为此书是他哲学思想的雏形——即使提问的方式有待商榷，至少里面所提出的问题是对的——而且它还是尼采写作风格的奠基石。这种风格不断累积，在《查拉图斯特拉如是说》一书中达到顶峰。尼采认为《查拉图斯特拉如是说》是他的作品中（诗歌除外）最成功也最具艺术水平的一部。

尼采后来对早期作品的严苛评价证明他的思想及立场已经成熟。然而,我们需要记住两点。第一,尼采的自我批评是策略性的:他有意无视自己哲学思想的持续性,目的是防止早期那几个令他羞愧的想法玷污了他后期的哲学思想。第二,尼采自认为做得不好的领域也许在将来会变成学者们[1]的研究对象。导言及整部书都会围绕这两点展开论证。

5   《悲剧的诞生》之起源与方向:几个关系

尽管《悲剧的诞生》充满了尼采年轻大胆的创新思想,但它并不是凭空臆造出来的。尼采吸收了大量的文化知识,一些是尼采作为活跃的知识分子通过参加学术活动潜移默化而得来的,一些是通过有意识地采纳具有吸引力的哲学理论得来的(由于各种复杂的原因,这里对这些哲学理论不一一评论),第三类影响,也是尼采在书中明确承认的,来自比如康德,叔本华和瓦格纳,还有魏玛古典主义作家,尤其是席勒和歌德。

第一类影响主要来自德国浪漫主义,尤其是弗里德里希·施莱格尔(1772—1829),在**第 7 节**和**第 8 节**也有提及他的兄弟奥古

---

1   因此,艺术形而上学的元素,作为批评理论中以与美学和解有关的解放概念而存在。见, David R. Ellison, *Ethics and Aesthetics in Modernist Literature*, Cambridge: Cambridge University Press, 2001. 第四章。另参见 Richard Wolin, Walter Benjamin. *An Aesthetic of Redemption*, Berkeley, CA: University of California Press, 1994. Adorno's *Aesthetic Theory*, London: Routledge, 1984, Herbert Marcuse 的理论, *Eros and Civilisation*, Boston, MA: Beacon, 1955(尤其是第七章:美学维度),这里包括魏玛古典主义对美学革命的立场,《悲剧的诞生》对此有强调。另见, Thomas Jovanovski, *Aesthetic Transformations. Taking Nietzsche at his Word*, New York: Peter Lang Publishing, 2008.

斯特·威廉（August Wilhehm，1767—1845）[1]。（英国浪漫主义的影响也很明显：**前言部分**特别提到雪莱［1792—1822］重新创作的埃斯库罗斯的失传之作《解放了的普罗米修斯》［*Prometheus Unbound*，1820］续集。第一版扉页上的插图[2]是一幅蚀刻画，描绘的是从桎梏中解放出来的普罗米修斯，这是尼采特别要求的。因此，尼采在《尝试》一文中谴责了自己早期犯下的浪漫主义罪行。）德国先验唯心主义（German Transcendental Idealism）也对尼采产生了潜移默化式的影响。尼采很可能读过费希特（1762—1814）的作品，费希特是其寄宿学校[3]最杰出的校友。尼采不知道谢林（1775—1854）的可能性也不大，但书中没有提及这两位。尼采的批判历史观显示他在某个阶段跟利奥波德·冯·兰克（Leopold von Ranke，1795—1886）有过交情，他是德国历史学派的创始人，是瑙姆堡附近的精英学校——舒尔普福塔（Schulpforta）文科中学的

1　参见 Philippe Lacoue-Labarthe and Jean-Luc Nancy，*The Literary Absolute*，trans. Philip Barnard and Cheryl Lester，Albany，NY：State University of New York Press，1988.

2　参见，Friedrich Nietzsche，*Handschriften，Erstausgaben und Widmungsexemplare. Die Sammlung Rosenthal-Levy im Nietzsche-Haus in Sils Maria*，ed. Julia Rosenthal，Peter André Bloch，David Marc Hoffmann，Basel：Schwabe，2009.第一版扉页摹本。

3　虽然从尼采的文本及他个人的参考书阅览室的馆藏中无法做出确切的结论（魏玛的阿玛丽亚公爵夫人图书馆，收藏着尼采图书馆的其余馆藏，大概有 1 100 卷）。Thomas H. Brobjer，'Nietzsche as German Philosopher'，in Nicholas Martin（ed.），*Nietzsche and the German Tradition*，Bern：Peter Lang Publishing，2003，pp.40-82，不同意这个观点。他认为，尼采从来没有读过莱布尼茨、伍尔夫、费希特和谢林，而且尼采是否读过黑格尔的一手资料也不确定。布罗贝尔（Brobjer）甚至认为，尼采根本不能被称为德国哲学家。然而，《悲剧的诞生》中某些段落确实看起来好像尼采试图通过费希特间接引用黑格尔：尼采通过非同一性达到认同模型，与两个动力的互动一起应用，这有点费希特的意思。有太多例子证明尼采没有标明引用的出处，所以，对于任一特殊的影响，如果尼采没有给出来源，我们也不该对它太过重视。Michael Allen Gillespie，*Nihilism Before Nietzsche*，Chicago，IL：University of Chicago Press，1996，从第 246 页开始，探讨了"尼采对思辨唯心主义的亏欠"，并且强调，在意志形而上学领域，尼采的立场与费希特尤为相似。"《悲剧的诞生》将酒神描绘成一个绝对主体，这明显是受了费希特的影响"p.248。

另一名杰出校友。

另外一个对尼采有重要影响(除了书中引述的叔本华、瓦格纳和席勒),但书中没有提及的人,是弗里德里希·克罗策(Friedrich Creuzer,1771—1858)。他在 1812 年创作了《古代民族的象征与神话》(*Symbolik und Mythologie der alten Vöker*, besonders der Griechen [*Symbolism and Mythology of Ancient Peoples, Particularly the Greeks*])。《悲剧的诞生》一书中核心的象征主义理论显然是受了克罗策的影响。例如,与尼采相似(参见**第 2 节**),克罗策对象征进行了分类,并区分了神秘象征(mystic symbolization)和形象象征(plastic symbolization)[1]。同样还有尼采在巴塞尔的同事,约翰·雅各布·巴霍芬(1815—1887)。尼采非常崇拜他,也经常和他交往。但是《悲剧的诞生》中却没怎么提到巴霍芬(同样也没有提到雅各布·布克哈特[1818—1897],尼采尊敬的同事和"朋友",尼采尊他为研究文艺复兴时期历史的专家)。巴霍芬的贡献主要来自于他 1861 年[2]的论文《母权:古代世界中母权社会的宗教及司法特征研究》(*Mother Right, An Investigation of the Religious and Juridical Character of Matriarchy in the Ancient World*),这篇论文奠定了文化人类学的学科基础。尼采对史前历史很感兴趣,他对性别研究中的人类学方面的重视,是受

---

1 参见 in Walter Benjamin, *The Origin of German Tragic Drama*, trans. John Osborne, London: Verso, 2009.

2 参见五卷新译本 Johann Jacob Bachofen(1861), *Mutterrecht*(*Mother Right*):*A Study of the Religious and Juridical Aspects of Gyneocracy in the Ancient World*, New York: Edwin Mellen Press, 2009.

了巴霍芬的影响。[1] 巴霍芬开创了近乎独立的研究早期文化的瑞士方法,这一方法通过《悲剧的诞生》一书得以广泛传播。C.G.荣格（C.G.Jung）在其"集体无意识"理论（脱离弗洛伊德式恋母情节的精神分析法）中对此有所论述。

尼采书中没有提及的,但确实对他有过影响的第二类人物很容易辨认,因为有很多确凿的线索。比如,普罗米修斯是埃斯库罗斯悲剧中和歌德的《狂飙突进》系列诗歌中的悲剧英雄（这两处可参见**第9节**）,也是雪莱的戏剧（参见**前言**）中出现过的人物。另外,尼采承认普罗米修斯是个高尚的罪犯,他认为悲剧英雄都戴着酒神面罩。因此,《悲剧的诞生》与德国狂飙突进运动的宗旨及其文学诉求有着深层的联系。狂飙突进运动是一批愤怒的年轻人组织的开创性的文学及哲学运动（歌德、席勒和赫尔德早期的作品即是该运动的成果）,普罗米修斯象征该运动的美学反叛及政治反叛。正是这些愤怒的年轻人创建了1770年之后的现代德国文学和文化。在《悲剧的诞生》中,狂飙突进运动的影响显而易见。《悲剧的诞生》风格激进,在关键时刻采取直接对话的修辞方式,段落中充满欢腾夸张以及顿悟般的兴奋之情,这些都是狂飙突进运动的写作特征。还有其他没有引述的重要资料,例如,尼采对希腊人的观点与荷尔德林（1770—1843）有惊人的相似之处。荷尔德林是拥有哲学使命的颂神诗人（dithyrambic poet）,他在颂神诗界占有核心地位（参见**第3节**,注:尼采,德国的希腊主义与荷尔德林）。还有一个重要的

7

1　这个关联首先是由阿尔弗雷德·博伊姆勒（Alfred Bäumler,此人后来因宣扬纳粹而臭名昭著）考查出来的,参见 Alfred Bäumler, *Bachofen und Nietzsche*, Zürich: Verlag der Neuen Schweizer Rundschau, 1929.还有近期的 Frances Nesbitt Oppel, *Nietzsche on Gender, Beyond Man and Woman*, Charlottesville: University of Virginia Press, 2005.第二章和第三章描写了尼采与巴霍芬的联系：'The "Secret Source": Ancient Greek Woman in Nietzsche's Early Notebooks', and '*The Birth of Tragedy* and the Feminine', pp.36-88.尤其是第48和第49页。

影响来自于尼采最喜欢的作家,美国先验主义者拉尔夫·沃尔多·爱默生(1803—1882)[1]。这里还需要提到海因里希·冯·克莱斯特(1777—1811),我们认为,他是对尼采最有影响的人物之一。克莱斯特的历史哲学(把他在 1810 年[2]写的小论文《论木偶戏》[The Puppet Theatre]称为历史哲学可能有点言过其实)是尼采反复借鉴的观点,其中之一便是"我们必须再次汲取知识之树的养分才能回到无知的状态"(we have to eat again of the Tree of Knowledge to fall back into the state of innocence, p.416)。克莱斯特也撰写了德国最具震撼力的几部悲剧,首推《彭忒西利亚》(Penthesilea,1808)。以上诸位作家为尼采提供了非音乐形式的现代素材,基于这些素材,尼采发展了他自己的悲剧理论,他认为悲剧是两股力量互相竞争的行为。黑格尔(1770—1831)也属于这类隐藏的文献来源,虽然文本中提到他的时候用词并不是特别友好。《悲剧的诞生》对黑格尔的怨念更多一些,他的逻辑及历史目的论的影响实在是太大了,我们可以从《悲剧的诞生》中看到尼采想摆脱黑格尔影响时所做的努力和挣扎。最后,还要提一下尼采最喜欢的诗人(除了上面提到的荷尔德林),海因里希·海涅(1797—1856),他的影响主要体现在尼采文本中的讽刺以及描写梦境的部分。海涅 1827年出版了第一部合集《歌集》(Buch de Lieder),里面描写了梦境与现实世界的冲突:梦境欢欣、富有诗意,而后浪漫主义的现实世界则无比单调乏味。《悲剧的诞生》里面大部分关于梦境的描写以及梦的调解作用都是借鉴了海涅的做法。

对于这些间接的影响我们就先介绍到这,书评的正文部分会

---

1 尼采拥有爱默生论文集的前两个系列,德文翻译版,1858 年出版:Ralph Waldo Emerson, *Versuche*(*Essays*) , Hannover:Carl Meyer, 1858。这本书仍在魏玛尼采个人图书馆中(书架号 C701,参见 p.7,脚注 3)。这是尼采最珍爱的书之一。

2 参见 Walter Benjamin, *The Origin of German Tragic Drama*, trans. John Osborne, London:Verso, 2009.

做更详细的讲解。但是对读者有用的信息就是,从上面这个长长的名单,我们可以看出,《悲剧的诞生》中有大量没有引用其出处的信息,一种是背景信息,另外一种是尼采故意避免提到的。达尔文(1809—1882)则不属于任何一种情况。尼采是有意忽略《物种起源》(1859)吗,就像他有意忽略黑格尔和基督一样?还是达尔文的进化论已经在尼采的思维里根深蒂固,以致他觉得没有引用的必要了?(我们将在**第 1 节,注:尼采与达尔文**中详细说明这一点。)尼采所受的影响远不止以上所列,《悲剧的诞生》一书显然是在吸收了大量材料的基础上创作出来的。这也许是年轻的另外一个标志,说明作者还没有能力公开探讨是什么引发了他激进的思考。

在尼采时代,《悲剧的诞生》是如何融入欧洲历史、美学及政治论战的?该书定义的美学范畴不包括社会范畴及政治范畴。因此,《悲剧的诞生》一书符合当时欧洲文化和文学辩论的趋势,将美学比喻为对抗大众文化的堡垒,以抵抗工业化、商品化、民主化,以及廉价商品的低劣质量对各种文化产品的入侵。换句话说,可以认为《悲剧的诞生》是德国对欧洲象征主义及审美主义运动的贡献。这些运动反对的是当时流行于艺术和文学界的自然主义准则,这一 19 世纪早期现实主义的极端形式。因为《悲剧的诞生》旨在创造一种美学的形而上学形式,它自然是德国哲学文化的产物,同时它与法国和英国以美学方式抵抗现代性的做法相吻合,这些做法被很多人在作品中提到,比如查尔斯·波德莱尔(1821—1867)1863 年的《现代生活的画家》(*The Painter of Modern Life*),1857 年的《恶之花》(*Fleurs du mal*)[1] 诗集,以及沃尔特·佩特(Walter Pater,1839—1894)1873 年的《文艺复兴》(*Renaissance*)[2] 结尾中都能

---

[1] Charles Baudelaire, *The Painter of Modern Life and other Essays*, London: Phaidon, 1970; *Les fleurs du mal* (The Flowers of Evil), Oxford: World's Classics, 1993.

[2] Walter Pater, *Studies in the History of The Renaissance*, Oxford: World's Classics, 1998.

找到。尼采与欧里庇得斯辩论的时候(参见**第 11-13 节**),他的评论也影射到埃米尔·左拉(Émile Zola, 1840—1902)。左拉在 1862 年的小说《红杏出墙》(*Thérèse Raquin*)的前言中勾勒了自然主义的基本原则。**第 7 节**和**第 8 节**会介绍尼采否定自然主义者对希腊合唱团的看法。

主题概述

《悲剧的诞生》作为不合时宜的沉思：危险关系

尼采与瓦格纳联手对抗当时的平庸文化及学术狭隘主义，这一做法使他的这本书陷入极大的危险境地。这是因为尼采—瓦格纳联盟所能提供的支持与慰藉（尼采受益更多[1]）只存在于联盟维系的时候。一旦联盟破裂，这个支持与慰藉将不复存在。这个联盟鼓励尼采激进鲁莽，使他后来独立之后，更加孤立无援。从1870年代中期开始，尼采感到孤独，因为他意识到瓦格纳无法再帮他对抗庸俗的社会现状。尼采这时意识到，瓦格纳从来都不是文化复兴的先驱者，他在《悲剧的诞生》中错误地认为，瓦格纳与埃斯库罗斯一样，有"颂神戏剧家"的特质。尼采此刻意识到，瓦格纳甚至连

---

[1] Roger Hollindrake, *Nietzsche, Wagner and the Philosophy of Pessimism*, London：Allen and Unwin, 1982, p.78. 尽管这里提出，《悲剧的诞生》也启发了瓦格纳。瓦格纳在1872年1月3日第一次收到一个副本之后，进入了新的创作阶段，他创作《尼伯龙根的指环》时，在第三场第一幕开场就演奏了《诸神的黄昏》。

现代作曲家都算不上,他的作曲完全沉浸在浪漫主义传统里。"所有的浪漫主义者都将变成基督徒,"尼采在《自我批评的尝试》第7节中这样总结道。在一段时间内,尼采成功地对公众隐藏了他对瓦格纳态度的转变,只有瓦格纳本人注意到尼采在 1876 年《不合时宜的沉思》(*Untimely Meditations*)最后一篇《瓦格纳在拜罗伊特》(*Wagner in Bayreuth*)中,对其明褒实贬。

尼采激进的思想和他独创的实验性写作风格远远超越了他的年代。上面提到的《不合时宜的沉思》是尼采在 1873 年到 1876 年发表的第二个系列作品集的书名,包括四篇评论性文章,旨在批评或赞扬被误解的当代道德模范(叔本华、列奥·施特劳斯[1]和瓦格纳),并指出当代历史主义范式中存在的思维缺陷。从某种程度上来讲,《悲剧的诞生》可以称为尼采第一次不合时宜的沉思,因为当尼采对历史、哲学、美学甚至科学这些古典学科品头论足的时候,他的很多朋友开始疏远他。这本书的目的就是动摇一些事情。尽管尼采写作的时候有考虑当代读者,但是从他发表的作品来看,他的考虑仅限于要改变他们的思想,并且带给他们一个不一样的未来。

《悲剧的诞生》的意图、形式和结构

该书的一个重点目标就是开创一种全新的写作方式。事实上,其与众不同之处在于它是尼采实验性写作生涯的开端,尼采一生都在探索如何以新的方式呈现哲学思想。《悲剧的诞生》成功与否取决于读者的参与。尼采的文本故意打破哲学和古典文献学创

1　原书作者笔误,此处应为大卫·弗里德里希·施特劳斯(David Friedrich Strauss, 1808—1874),德国自由派信教神学家,作家,著有《耶稣传》,该书直接影响了尼采反基督教的思想。——译者注

建的释义传统。第一个表现就是它无视这两个学科之间的传统界限。文本是两种学科的混合体（至少还有心理学和人类学），完全无视具体学科方法论方面的纯粹性。更有甚者，尼采的文本不在乎清晰性和逻辑性，他采取讽刺和修辞手段（可能是追随了 F. W. 施莱格尔提倡的晦涩[1]方式），像一个手段高明的诱惑者一样调戏读者，对重点话题欲语还休。尼采故意想要文本产生这种教育或者启发式效果。读者想要"读懂"文本，则要跨越作者设置的障碍。这种不寻常的方式能够让读者有种征服迷宫的感觉。喜欢这种感觉的读者就会在阅读中找到乐趣。这也是本书问世的原因之一，尽管本书不能解决尼采为读者设置的所有障碍，我们希望它可以对读者有所帮助。

"媒介即讯息"：马歇尔·麦克卢汉（Marshall McLuhan）这句低劣的格言[2]强调在现代大众媒体中形式重于内容，这句话也可以用来解释一百年多前尼采的意图。与历史上其他哲学家相比（除了柏拉图，他选择以对话这种非常规的方式呈现自己的思想，**第 14 节**会介绍这一点），尼采非常重视将形式嵌入到信息当中，这样做的结果就是，写作本身，包括结构、隐喻、解释、重复等，会将读者带到作者预期的方向上去。这本书的形式是尼采哲学内容的象征，以象征性形式书写的象征学理论。

《悲剧的诞生》旨在提出一个与欧洲文化历史的发展相匹配的基本人类学理论。尼采提出了伴随人类文化发展的力量组合。从宽泛的叔本华式形而上学的观点来看，这些力量或者动力可以被

11

---

1 施莱格尔 1800 年的著名论文《论不可知性》（*On Incomprehensibility*）解释了讽刺的难点和陷阱，被定义为不可知。论文的风格支持这个发现，并允许他得到了想要的结论。参见 Kathleen Wheeler, *German Aesthetic and Literary Criticism*, Cambridge：Cambridge University Press, 1984, pp.32-39.

2 参见 Marshall McLuhan, *Understanding Media：The Extensions of Man*, New York：McGraw-Hill, 1964, p.7.

理解为特定的客体化模式或深层意志的表达方式。这些动力具有
形而上学意义,文化形式即是这些意义的表征。这些力量的斗争
和重组是历史变化背后的原因。具体来说,人类文化表达有两个
相辅相成的基础,即酒神和日神的艺术动力,这两个动力的斗争时
而温和时而暴力(但总是会产出良好的结果,原著一直到**第 12 节**
都是以这一点为主题)。早期文化历史已经可以见到这种斗争,但
后来第三个恶意的力量介入进来,即由意识主导反思的"苏格拉底
式倾向"(来自**第 13 节**)。尼采将这一变化定义成两种文化阶段的
区别,一种是由自然本能的艺术创作力量推动的希腊文化前意识
或潜意识阶段,另外一种是以从本能力量中提取出的意识控制及
抽象逻辑为基础的现代文化。

　　《悲剧的诞生》分成了两个主要部分,像一个折合式雕刻版[1]
的两面。第一部分研究希腊的两个艺术动力——日神和酒神力量
之间的互动。这个神话时代描述的是日神和酒神之间竞争性的互
动,他们在悲剧中结合,并以这样的形式达到艺术顶峰,最后在欧
里庇得斯的带领下走向衰落。第二部分在悲剧时代和现代之间设
置了具有划时代意义的对立关系,现代由上升的意识和理论推理
为主导,这也导致了悲剧的死亡及其所代表的世界观的灭亡。这
个时代是推理和逻辑(logos)的时代,逻辑这个不断扩张的霸权文
化代表(欧里庇得斯和苏格拉底意识深得逻辑的真传,理论人也出
场了)抑制了两个神话力量的交互,这个时代病入膏肓,而尼采研
究的就是这场疾病(参见**第 4 节**)。日神和酒神,这两个在神话中
平起平坐的伙伴之间的竞争被打断了,一股失去控制的、尼采称之
为病态的逻辑动力将他们逼入地下(参见**第 1 节**及**第 13 节**)。第

1　将这本书分成三个部分描述的做法也很常见:(1)解释悲剧、(2)悲剧之死、
　　(3)现代状况和悲剧的重生。我们相信,将书分成两部分可以捕捉到该书的意
　　义及写作策略的本质。

一部分描绘了悲剧的兴衰,尼采认为悲剧这种文学形式象征着一种形而上学式可持续的世界观。第二部分描写了这种象征形式逐渐衰败、死亡,最后变成了一个形而上学意义模糊的基本人类学;最后文章试图创建悲剧复兴的条件。

然而,悲剧复兴不是简单地回归到希腊生活的前意识状态。相反,重建悲剧是在现代条件下使前意识的悲剧世界观重生。由于历史的时钟不可能往回调,因此必须要推动它向前进。瓦格纳的乐剧(music drama)开始被推崇,这是一种激进的、现代的、高度合成的艺术形式,通过它我们可以从悲剧视角看待生存,这种视角是从意识内部滋生出来的。在现代,最高级别的意识形式,即抽象科学逻辑和“系统”哲学,已经卓有成效,为悲剧的重生创造了丰饶的环境。前面提到海因里希·冯·克莱斯特在 1810 年的论文中,提出匹配历史事件这个概念,该论文的论题是,在人类本能被抽象所遏制、被推理所管辖的时代,如何重返艺术的纯净。

两个部分都相对独立。一些评论家认为只有第一部分有评论的价值,因为尼采在这一部分发展了他的悲剧理论[1]。在我们看来,这根本没有理解原著的意图。也可以认为尼采是完全用现代视角来写作的:希腊人只是一个例子,或案例分析,尼采用它来强化现代思维范式下的艺术和文化理论。(尼采在《自我批评的尝试》第 6 节里多少隐含了这层意思。)这两个观点都无法正确反映这本书的价值,两个部分不分伯仲,拿掉任何一个部分都无法达到尼采论证的有效性。只有把两部分放在一起才能构成尼采创建的文化人类学的历史观。若没有从瓦格纳那里获取的现代音乐美学理论,希腊模式是不完整的,也是没意义的。另外,尼采看重文化

13

1　参见 Barbara von Reibnitz, *Ein Kommentar zu Friedrich Nietzsche*, “*Die Geburt der Tragödie aus dem Geist der Musik*”, *Kap.1 -12*, Stuttgart:Metzler, 1992。她是这样认为的,她的详细分析只包含了第 1-12 节。

迁移的路径,从小亚细亚,经由雅典和罗马,再到拜罗伊特,这是他核心的兴致所在。这种"谱系式"的文化视角,也使我们必须要把两个部分作为一个整体来看待。

第二部分的十二个章节,从第 14 节到第 25 节,是折合式雕刻板的第二块板。它是第一面所描绘的历史发展的镜像,其阐述从苏格拉底时代滋生出来的病态文化开始,随后描写了持续两千多年的病态文化发展到危机顶峰,最后在瓦格纳的乐剧中看到悲剧的觉醒从而有望消灭病态文化。摆在现代人面前的问题跟希腊人面临的问题正好相反。他们需要驯服酒神——使其在文化领域能够有所贡献——而我们则需要冲破现代文化的重重枷锁,将自己重新投入酒神感性的原始生命力量的怀抱之中。我们从希腊人那里继承了控制自然的欲望,但是却完全失去了我们想要控制的东西——这个启示是 21 世纪仍在讨论的话题。

文本阅读

《自我批评的尝试》

《自我批评的尝试》是在《悲剧的诞生》出版好多年以后才写的,并于 1886 年《悲剧的诞生(第 2 版)》的序言中发表。这时尼采的职业生涯已经接近尾声,而《悲剧的诞生》则是其职业的开始。为了达到最好的阅读效果,我们建议读者先读正文,然后再回头读这篇反思性的文章。

尼采站在成熟理论家的角度上,反思了《悲剧的诞生》的不足之处。他阐述了原本想要达到的效果,也思考了该书不尽人意之处及其原因。他为书中年轻气盛的口吻、形式、逻辑、组织、风格及论点的不完美向读者道歉,因为整部书都是基于"早熟的、涉世未深的个人经历"之上的(p.5)。尼采这样做是一个策略,这样做可以挽救这本书的一些基本论点。这本书像一个胚胎细胞,尼采之后的著作,不管是主题还是风格,都是从这里发展出来的。早期作品试探性地反对叔本华的文化悲观主义,并一步步地探索酒神式肯定生命(life-affirmation)的文化及心理学理论,这些在后期作品中都得到了进一步发展。他摒弃了将形而上学艺术看作是慰藉(早期文本的哲学核心)的思想,认为这是瓦格纳毒素迷幻作用下被误导的后期浪漫主义。

我们要谨记,尼采对早期文本的自我批评,是他的理论立场完全成熟了之后才做出的。这就导致了他的观点具有倾向性。他在一定程度上也想为早期遭到的批评挽回一点面子(见**第 4 章,接受与影响**),他与瓦格纳(书中的英雄)绝交,弄得自己也觉得羞愧,希望借此自我缓解一下。值得注意的是,跟他在最后一篇(自我)自传体批评《瞧,这个人》一样,尼采在此应用了他后期采用的谱系学方法。尼采问:是什么使这本书变得可能并必要? 是什么样的文化环境和具体的个人状况及动力导致了《悲剧的诞生》中形成的理论观点? 尼采用七个相关的关键问题或陈述(每章一个),加上自我批评,清晰地阐述了《悲剧的诞生》一书中原本杂乱无章的论点。其短小精悍的特点是区分尼采早期和后期风格的标志[1]。即使文本表面上仍然有虚无缥缈的修辞和华而不实的陈述,尼采的声音及观点却是明确的。这种声音在尼采1880 年代所著的其他的评论性文章中更加清晰、明确、周全和"现实"(如果用这个词合适的话)。

"是否存在有力的悲观主义?"

第 1 节解释了该书构思和写作时风雨飘摇的政治环境、看似深奥的学术关注及作者田园式的个人状况之间的不协调。德国当时处于战争之中,作者大部分时间躲在瑞士"阿尔卑斯山下的某个角落"(p.3)。他也参了军,但不久就病了,在恢复期间他开始思考

---

1   这与尼采的风格有关,参见 Heinz Schlaffer, *Das entfesselte Wort. Nietzsche's Stil und seine Folgen*, Munich:Hanser, 2007。

深奥的哲学问题。文章用了第三人称,这令人十分惊讶:好像早期的尼采被安置在一个遥远的位置,等待得到书中一些问题的启示,从而能够有资格与1886年的哲学家进行平等对话。《自我批评的尝试》在最后一节也采取了同样的策略。在**前言**中我们读到,尼采认为这本书加剧了学术活动和政治之间的冲突。尼采后来堕落成与"世俗的"主战派以及民族主义德国政治为伍,这实际上在《悲剧的诞生》中已经有铺垫,我们将在《自我批评的尝试》第6节看到。

第1节接着用一系列问题列出《悲剧的诞生》最初的观点,以上面小标题这个重新评价的问题结束。悲观主义和乐观主义,就像事实与谎言、善与恶一样,不再是相对的消极/积极的二元对立。概念性的对立不是原始的,而是衍生的;他们不是对价值的中立描述,而是早已被评估过的。尼采暗示,更基本的对立存在于虚弱的悲观主义(也称虚无主义)和有力的悲观主义之间。尼采在这篇回顾性文章中特别强调了痛苦和磨难是文化反应的基础,这些文化反应具有广泛的形而上学意义。有力的悲观主义是针对叔本华屈从性悲观主义的一剂解药,它的目的不是结束痛苦。对悲观主义这一新的解释与第2版副标题相应成趣,现在它被命名为"悲剧的诞生,或:希腊主义与悲观主义"。原版区分了两种乐观主义,或者更笼统地说,两种快乐。第一种是后期希腊人在苏格拉底科学乐观主义影响下表面的平静;第二种(也更具美学和形而上学意义)是苏格拉底时代之前的日神特性(参见**第3节**)。在同一章节尼采也解释了两种悲观主义。尼采通过描述"另一宗教"(当然是基督教)的观察者不解的神情,巧妙地引出日神胜利的信心,尼采将另一宗教里的"禁欲主义、灵性和义务"称为虚弱的悲观主义(参见**《自我批评的尝试》第5节**"无欲无求")。正文第3节,日神的"魔山"压在了"生存的恐惧"之上,这一点基督教也是无法理解的。然而,"两个"尼采在这里产生了意见分歧:晚年尼采将有力的悲观主

16

义视为对这些恐惧唯一健康的形而上学式的反应,而年轻的尼采则向艺术寻求慰藉。这也是《自我批评的尝试》第 7 节的具体内容[1]。

关于《自我批评的尝试》做出的这一开篇讨论,以及新的副标题,尼采声称,他的第一本书探讨的一直都是悲观主义的本质。尼采因此肯定了书中内容的有效性,这些内容后来发展成他重新评估文化价值所用的成熟方法。他可以接受《悲剧的诞生》中很多哲学思想,及其中的很多创新方法,但是他不能接受年轻时的自己对浪漫主义、基督教及虚无主义所下的结论。

"有必要'透过艺术的棱镜'看科学,'透过生命的棱镜看艺术'"

什么样的文化形式宣扬虚弱的悲观主义?第 2 节指出了尼采在《悲剧的诞生》中提出的核心问题,不是希腊人,甚至不是古代或现代悲剧(书中探讨的首要主题),而是"科学的问题"。尼采称这本书是一本"不可能的"书,因为它以年轻人的鲁莽看待"老年人的问题"。它的篇幅太长(尽管比起尼采其他的很多著作都要短),充满了"狂飙突进"(18 世纪末德国兴起的早期浪漫主义艺术运动,参见**第 1 章,起源与方向**)特点。然而,它却是一本独立的书("站着反抗")且取得了一定的成功,不仅仅得到了瓦格纳(书的被题献者)的称赞。

尼采解释说,他需要通过艺术的透镜[2]来解决科学问题,因为这个问题无法在"科学的领域"提出来。在书的正文中,苏格拉底的科学被描述成"乐观的"。这意味着,科学自成一体,且无法理解

---

1   参见 *Beyond Good and Evil*, transl. R. J. Hollingdale, London: Penguin, 1990, 第 59 节。就早期残留下来的悲剧作品来说,这里有尼采使用这些对比的更清晰的例子。

2   "Optik"这个词,既指光学,也指光学科学中的光学元素组件(人眼,显微镜等);它也有隐喻意义,跟英语中的"观点"很像。

它自己领域之外的东西。科学问题(problem of science)——科学的基础并不是科学的(science at its foundation is not scientific)这一谱系学论断——本身并不是一个"科学的"问题(not a scientific problem)。因此艺术家化身哲学家,透过生命的棱镜看艺术。"透过生命的棱镜"在《自我批评的尝试》第4节末尾的问题中又重新被提及。生命的本质——它的健康、多种文化形式的产物,等等——是尼采至始至终都在论述的基本概念(例如,参见正文**第7节**)。然而尼采在下一节故意转回文献学讨论。考虑到他的书房中收藏的大量物理学和生物学书籍,从这些事实中我们可以假设,尼采本来可以继续论述:"因此我们必须,即使不是透过,也要使用科学的棱镜来看待生命"[1]尼采认为他的课题——一如既往的——是视角、艺术和哲学之间的叠加,它们之间互为基础、互为借鉴。即使他在这里,在第7节予以否认:早期他将艺术的神秘性当作形而上学式的慰藉——本雅明(Benjamin)和其他评论家拒绝承认这一层面属于尼采的"唯美主义"(aestheticism)[2]——他仍然觉得从认识论和方法论的角度有必要将艺术和哲学(以及历史、科学等)视角融合起来,以完成他的课题。用光学做比喻很有意思,它将读者的注意力吸引到视角转移这个独创性的方法上,而视角转移则是尼采成熟批评的核心要素。

18

"我应该歌颂这个'新的灵魂',而不仅仅是谈论它"

这一节认为《悲剧的诞生》写得不好,"缺乏清晰的逻辑,太过

1　参见 Thomas H.Bobjer, 'Nietzsche's Reading and Knowledge of Natural Science: An Overview', in Gregory Moore et al. (eds), *Nietzsche and Science*, Aldershot:Ashgate,2004,pp.21-50.

2　参见 Walter Benjamin, *The Origin of German Tragic Drama*, trans.John Osborne, London:Verso,2009.本雅明在第103页使用了短语"唯美主义的深渊"。本雅明只研究早期尼采,他不知道(或不愿承认)尼采自己采用了这个视角。

自信,以至于在证明论断的时候过于自负"。它向教徒传教,根本不屑于与那些还没有感受过狂热音乐的人交流(尼采只向懂他理论的人讲解,对于不懂他理论的,他也没有试图以浅显的方式使他们理解)。这两点是有关联的。第一,尼采自责说早期的自己缺乏严谨的哲学观和逻辑观[1]。第二,这本书是写给初学者的,这个事实使第一点更加恶化。尼采将这两点与文本中其他显而易见的风格特点混在了一起。《自我批评的尝试》的这一节包含了一个奇怪的现象:尼采一方面指责自己学术气息不够(不够严谨,没有像文献学家一样写作),同时又说自己学术气息太浓(碍于学者的面子,他只在谈论而没有歌颂)。

《悲剧的诞生》的风格是否恰当,尼采在回顾的时候发现,对于这一问题他自己当时也没有完全明白。这本书真实的、但没有完全说清楚的目的,是尼采想让我们相信,《悲剧的诞生》是奉献给酒神的一首隐蔽的赞歌;背景中有一个狂野的、无形的、赞美的声音一直在唱着颂神诗。这部学术著作披着修道士头巾,头巾下面隐藏着"一个神秘的女祭师[2]一般的灵魂,用不熟悉的语言结结巴巴唱着颂歌"。偶尔,读者可以明白尼采的意思,比如,**第 20 节**的最后一段。尼采认为,整体来说,这本书并没有充分适应这个"新的灵魂"。尼采自问,"当时像诗人"一样叙述是否会达到更好的效果。或者,像一名专业的文献学家一样,谦逊地呈现文本证据。因此,尼采策略性的接受一些批评(参见**第 4 章,接受与影响**),他接受了维拉莫维茨-莫伦道夫的观点。后者指责这本书的领域落在文献学和一个没人能懂的新学科之间(尼采称之为诗歌),但不管属

19

1　这段中使用的德语原文是"Beweisen",意义更接近于实证或逻辑意义上的"证据"而不是哲学意义上的"证明"。尼采自责说他非常自负地将自己提高到高于证据的层面;这跟本节末尾,关于文献学的论断有关。

2　这里指的是酒神的女性追随者;希腊语中这个字的词源是"疯狂的"或"狂热的"。

于哪个学科,其表现都不尽人意。

我们讨论正文第 1 节时提出的"错误组合"的概念,可以帮助读者理解这种双重失败。在象征形式上,尼采对根本上阴暗的存在体验闪烁其词,写作内容没有与其深度相匹配。没有描写日神对酒神体验的象征意义[1]。另外一种理解文本失败的方法,是利用上面提到的视角叠加的观点。《悲剧的诞生》这种不伦不类的风格没有严肃地对待它所涉及的领域:对待诗歌与学术都很不认真。然而,呼吁一种真正的杂交艺术,恰恰是这本早期著作的一个成果:在不牺牲任何一方的情况下,将日神和酒神融合在一起,强迫他们形成一个更高级的辩证统一体(参见关于德国人的"辩证反感"[2][dialectically disinclined;Unlustigkeit]的评论)。可以说尼采后来没能坚持他第一本著作提倡的风格。

"疯狂也许并不是堕落的病症?"

《自我批评的尝试》的目的之一就是在"那么,酒神精神是什么?"这一问题之下,重新构建这本早期著作。尼采承认,《悲剧的诞生》试图寻找这个答案,但是却用了一个错误的方法和风格。作为人类(和所有文化)特有的动力,酒神精神与一个心理学问题密切相关。这又引出了一系列的问题,这些问题以缩影形式在正文文本中一层层抽丝剥茧,我们先是看到"对美的需求",再到"对丑的需求",再从这引申到它其实源自力量、欲望和健康。

1　《自我批评的尝试》中对日神只字不提,但是他后来却渴望一种新的原创性诗学写作方式,这至少表明他对于象征类别的思想多少还是与早期的作品相关:尼采仍在寻找诗学转变的形式。

2　德语字"lust"被用在了下一节中,描述深层的酒神状态。"反感"只能算是"Un-lustigkeit"可供参考的翻译,但是却缺失了"严肃"、"无幽默感"这一层意思。

不管是从个人还是历史文化的层面上来看,最重要的都是精
神健康。上一节提到的"暴怒的"酒神是作者找到的新的灵魂,这
个现象,在这一节,被放大并投射到文化认同领域。酒神的问题现
在可以更明确地认为是疯狂的问题,包括个人疯狂和集体疯狂,尤
其是集体疯狂:也许疯狂并不一定是古老文化堕落、衰败的病症?
是不是也可以,尼采提出——他向精神病专家抛出这个问题——
探讨一下全国青年和青春神经官能症,健康的神经官能症1?这便
是《悲剧的诞生》一书抛出的开放式辩论。这本书试图重新评估疯
狂和文明之间的关系。他的高瞻远瞩令人不安,他说,从高度发达
的文明标准来认定的疯狂——原始人集体酒神般的疯狂——也可
以被认为是人性与自然之间健康联系的标志,条件就是,我们反过
来同样可以把那个高度发达的文明认定为衰退的、病态的。这个
非常令人不安的观点,无疑惹恼了尼采的同僚。我们也可以将这
个不合时宜的思想放在 20 世纪文化和文明危机的浪潮下来看待
它的重要性,这个危机浪潮使人们意识到,破坏性的疯狂不是文明
的对立,而是文明的自然结果。因此《悲剧的诞生》影响了 20 世纪
形成的一大批对西方文明的批评理论,像弗洛伊德的《文明及其不
满》(*Civilisation and its Discontents*) 和《图腾与禁忌》(*Totem and Taboo*),
德勒兹和加塔利的《反俄狄浦斯》(*Anti-Oedipus*),霍克海默和阿多
诺的《启蒙辩证法》(*Dialectic of Enlightenment*),福柯的《疯癫与文明》
(*Madness and Civilisation*)等。

　　"'透过生命的棱镜,道德的意义是什么?''反基督的真正
的名字'是酒神"

　　上一节以我们所引用的这个问题结束。尼采解释了他对《悲

1　弗洛伊德在《图腾与禁忌》中有类似观点。*Totem and Taboo*. Standard Edition of
the Psychological Works, vol.13, London:Routledge,1950,pp.3-200.

剧的诞生》的另外一个重要批评。这本书旨在宣扬生命,它的第一个矛头就指向了道德,尤其是基督道德否定生命(life-denying)的罪恶。尼采的前提是,道德不是生命最直接的表达。生命,从定义上来说,是无关道德的,而道德则是人类的一种保护机制,像科学一样,它可以保护人类免于堕入生命的残酷、非人性的深渊。以这种方式,道德试图使生命变得更好;它本质上是对生命的否定,而且"在道德法庭面前……生命必须不断且必然地被证明是错误的"和"不值一提的"。事实上,《悲剧的诞生》一书从来没有明确地讨论基督教,尼采现在声称(这样做也许不那么聪明),"这表明了它反道德倾向的深度"。我们这本书会指出原著中暗示批评基督教的几个段落(参见,如**第 13 节**),以此肯定尼采"事后诸葛亮"的做法。

然而,书中隐含的反道德的力量,与书中探讨艺术形而上学所占的篇幅是直接相关的。道德与艺术的对抗确实能够很好地表达苏格拉底和基督教义之争。现在,在描述完了艺术形而上学之后,尼采非常认真又顽皮地写道"有人可能会说(强调为笔者所加)艺术家的形而上学反复无常、毫无价值、捕风捉影"。他是不是在否认艺术呢? 情况可能比看起来更复杂。原著构建的对抗基督道德的堡垒和用于动摇基督道德的杠杆构成了原著的唯美主义,尼采还用酒神的名字给它做了浸礼(具有讽刺意味)。从这方面看,《悲剧的诞生》的确证明了作者的意图就是批评基督道德。另外,为了对抗这样的道德,健康的本能创造了这样的形而上学。因此,尼采对年轻时自己的本能赞赏有加。"一个被否定的系统里面唯一有意思的就是个人因素",尼采在他从未完成的著作《希腊悲剧时代的哲学》(*Philosophy in the Tragic Age of the Greeks*)的第二个前言中这样写道。这本书跟《悲剧的诞生》创作时间差不多。换言之,"艺术家的形而上学"可能是一种永远不能被否认,永远有价值的人类生存方式(也是现代文化复兴的教育工具),即使个别哲学论断——

尤其是附加在生存之上的普遍的或内在的价值——"大错特错"[1]。不管怎样,这一形而上学有一个弱点,这使它又堕落回它与之抗争的反生命动力的怀抱中。这个弱点是下两节的主题。

22　　"如果音乐的起源不再像德国音乐那样是浪漫主义的,那么除了酒神音乐,还能是什么样的音乐呢?"

　　第6节和第7节讲到尼采承认的《悲剧的诞生》关键的几处败笔。对于这几个领域,尼采后来的思想更加清晰,也更加激进。一百五十年后,对于作为读者的我们而言,尼采的自我批评可能看起来公正但苛刻,却最终是不合理的。尼采本可以不去对早期作品做任何评价,让它瑕瑜并存。但作者展开自我批评的时候,保护文本的需要就产生了。现在对我们来讲,比较有意思的可能是,比如,尼采最初提出的,两个动力相互作用的双重性概念,这使文本变得异常复杂(参见本书正文第1节)。尼采的思想受了达尔文影响,基本上是非目的论的,这代表——本书的主线——尼采早期试图与黑格尔辩证法对立,而对尼采来说,这种尝试例证了苏格拉底文化的终结[2]。在《自我批评的尝试》中,日神被供奉在酒神的神坛之上。1886年的尼采发现,他早期认为日神是一个基本的艺术动力,这是在帮助浪漫主义和虚无主义(后面会详述),同时也扼杀了一系列符合形而上学可能性的文化形式。日神虽然没有在尼采晚期的作品中消失,但它被压缩同时也被扩展了。它被压缩了,是因为日神作为酒神的兄弟这个角色被删掉了;它同时被扩展了,是

1　参见 *Philosophy in the Tragic Age of the Greeks*,trans.Marianne Cowan,Washington,D. C.:Regnery Publishing,1962,pp.23-25.

2　德勒兹也是这么理解的。参见 *Nietzsche and Philosophy*,New York:Columbia University Press,1983.

因为它现在开始取代酒神的一个方面,即创造形式[1]。

　　早期尼采和"成熟"尼采有一个重要区别就是前者尚未形成"他自己的语言"。这里的语言不仅指文体风格方面的考虑,也指尼采从其他人那里借鉴的哲学语言。因此,早期的著作被迫"用叔本华和康德的公式来表达奇怪的、新的评估"。这确实是年轻的尴尬:《悲剧的诞生》套用叔本华的公式,却在立场上与叔本华对立。尼采对瓦格纳也是一样的态度,对席勒可能亦是如此,《悲剧的诞生》大量重复了席勒的美学特征,但却反对席勒的古典和唯心主义美学和历史观。尼采提到,消极退避是叔本华悲观主义的主要元素,尤其是对悲剧而言。"酒神跟我说话的方式多么不一样!"尼采感叹道,可是《悲剧的诞生》却没能传达出这种语言上的差异。这就相当于是说,《悲剧的诞生》挥霍了实现新的酒神语言的大好机会。因此,最终《悲剧的诞生》既没有完全发挥叔本华的价值也没有完全发挥酒神的价值。

　　尼采更为痛心的第二个错误,是将"宏伟的希腊问题"与"大多数现代的东西"混合在了一起。这是当时一个大胆的方法论创新,从这里产生了——我们将在本书中探讨——原著文本爆炸性的激进主义:希腊问题的解决方法作为一个内在动力被嵌入到历史之中。因此希腊人存在于现代文化之中,不在过去的细节中,也不是作为叠加的先验主义思想这个目的论的成就,而是存在于现代文化包含的心理元素结构之中,这些元素在当代以及现代的条件下很可能被复制。另外,尼采后来想通过虚构查拉图斯特拉返回宗教和道德系统的起始状态,以便为现在提供另外一种可能性。这两种做法的差别似乎很难甄别。

　　这里探讨的自然不是广泛意义上的现代性问题(虽然尼采对

23

1　《查拉图斯特拉如是说》第二部分"论高尚的人"里日神以修正过的形象出现,就是例子。

这个问题一直很关心），而是尼采杂糅起来的那个特定的"现代事件"。他这里主要指的是瓦格纳。这意味着《悲剧的诞生》的美学理论的基础，瓦格纳美学，在尼采的自我批评里，被他驳斥为"浪漫主义"——尼采认为这个词被滥用了。疏远瓦格纳的做法还包括否认《悲剧的诞生》中偶尔无心沉迷的德国民族主义情绪（参见本书**第 23 节**）——这也是瓦格纳"套餐"的一部分。德国精神"终于且确定地"退位了，整个国家陷入了平庸，德国文化失去了其领导欧洲的合法性[1]。结尾的开放性评论很有意思：《悲剧的诞生》预见了一个被希腊悲剧启发的未来文化，而希腊悲剧正在瓦格纳的乐剧中创造的现代条件下重生。现在尼采重新陈述了这个远见，但是去掉了其中作为音乐范式的瓦格纳的乐剧。寻找"没有浪漫主义起源的"酒神音乐的旅途又开始了。马勒《第六交响曲》，勋伯格的音诗《升华之夜》，韦伯恩的音乐小品[2]，贝尔格的歌剧《露露》可能是尼采的答案。

　　"是否没有必要"期待新的艺术形式，形而上学式慰藉的艺术，即悲剧？

　　尼采对这个反问句的答案是否定的，他的自我批评也在这里达到顶峰。他引用《悲剧的诞生》第 18 节，在那里他倡导通过悲剧得到"形而上学式慰藉"（引自歌德的《浮士德Ⅱ》）。掩藏在早期

1　尼采与德国关系的辩论，参见 Stephen E.Aschheim *The Nietzsche Legacy in Germany 1890—1990*，Berkeley，CA：University of California Press，1994.

2　参见 Curt Paul Janz，*Zugänge zu Nietzsche.Ein persönlicher Bericht*（'Approaches to Nietzsche.A Personal Report'），Basel：Schriftenreihe der Stiftung Basler Orchester-Gesellschaft（Proceedings of the Foundation Orchestra Society，Basel），2007。这里探讨了尼采的作曲之路，从巨型、混合式音乐剧到交响乐形式（瓦格纳被勃拉姆斯所取代），再到音乐小品。詹兹（Janz）引用了尼采在 1872 年写给雨果·V.圣吉的信，信里提到音乐小品的重要性。尼采最后一部音乐作品是一首交响诗——《友谊颂》，詹兹认为这是尼采转向勃拉姆斯的表现。

著作唯美主义下的形而上学式慰藉,和这里倡导的瓦格纳歌剧形式的悲剧,现在都过剩了。借用查拉图斯特拉"那个酒神的恶魔",尼采嘲笑早期著作的志向,它想要通过悲剧艺术力量的魔幻调和作用来治愈世界的悲伤。有力的悲观主义者——如果决定要坚持做一名悲观主义者——应该学会大笑和舞蹈,并以健康的、彻底的反形而上学[1]的方式来应对生存的负担。"形而上学式慰藉"指的是浪漫主义,而尼采认为浪漫主义最终会导致基督教义。这是影射瓦格纳最后一部歌剧《帕西法尔》[2](1882)的结尾。尼采认为这部歌剧,完全符合基督教舍弃生命的精神,宣传的是学院派"救世主的救赎"(redemption of the redeemer)的方法。载歌载舞、目空一切的查拉图斯特拉,是圣人,也是反形而上学的傻瓜,他对这些复杂性不屑一顾,而恰恰是这些复杂性使《悲剧的诞生》成为了一本有影响的书籍。问题仍然是从尼采后期的作品来看,早期文本是否有效。而早期文本的复杂性很可能对其有利。

---

1 "形而上学"这里有两层意义。首先,它指有很多人在"这个世界"之上、之外、之后强加另外一个世界,以这种方式负面评估"这个世界"。尼采自始至终都是沿袭柏拉图的哲学传统。然而,尼采的哲学当然包括一些思想(比如,意志到权力),他对这些思想的探讨,比如策略、视角或阐释的有效性,这与形而上学式论断相似。在更局限且矛盾的第二层意义上,人们仍可以谈论尼采的形而上学:这类哲学挣脱了柏拉图的影响,但仍不失其哲学的本质。有很多书探讨这个挣脱的过程,马丁·海德格尔讲述得最为清晰:参见 Martin Heidegger, *Nietzsche*, 2 volumes, trans. David Farrell Krell, London: HarperCollins, 1991, and by John Sallis, *Crossings: Nietzsche and the Space of Tragedy*, Chicago, IL: University of Chicago Press, 1991.

2 最近发表的一部作品,以佛家思想解读这部歌剧,也奇怪地肯定了尼采的批评。《尼伯龙根的指环》四联歌剧中的神秘异教徒在瓦格纳这最后一部歌剧中重生为基督徒。参见 Paul Schofield, *The Redeemer Reborn-Parsifal as the Fifth Opera of Wagner's Ring*, New York: Amadeus Press, 2007.

前言：艺术、瓦格纳和战争

这篇前言既是引文（尼采在第一句是这样讲的），也是献词（在最后一句）。我们已经在**第 2 章**简单讨论了尼采与理查德·瓦格纳之间的关系。因此那个时候尼采将自己的书献给瓦格纳毫不为奇，并且前言的内容充满了对瓦格纳近乎谄媚的崇拜之情。作为引文，虽然简短，仍有几个有趣的点可以讨论。

首先，尼采想象他自己与瓦格纳站在战争的同一边；不是军事战争，而是更重要的文化之战。尽管有时作者没有明说，但这场战争是全书的核心。这是德国（或者广泛的说，欧洲）的文化革命之战。这里的"文化"指的是什么？不管是在德语还是在英语里，它的意义都很广泛，它指的是任何地区、国家或者种族以及这些群体的身份特征（例如，政治或者教育机构、传统、共同的语言或宗教）。因此，这本书提出的问题便是，德国人是什么，以及德国人应该是什么？因为德国是一个崭新的国家（在尼采创作之时，德国各个小州第一次与普鲁士合并），这是一个很合适的话题。很明显尼采试图参与一场辩论，即从文化的角度来说，这个新国家应该是什么样的，尤为明显的是，他试图将德国的未来走向从俾斯麦所代表的粗鲁的军国主义和民族主义上引导开。

狭义的文化指的是特定群体及其身份所创造的最高级、最明确的产品。这些产品可以是哲学或者科学，但尤以音乐、文学和其他艺术为代表。尼采关注的是悲剧和瓦格纳式的乐剧。对尼采来说，瓦格纳音乐代表着文化成就中一个新的斗争。尼采企图开创一种对狭义文化新的理解方式和方向，来挑起德国的文化革命（广义）。这场战争的敌人是"审美大众"——即，艺术、文学和音乐的严肃消费者——还有那些不拿艺术、文学和音乐"当回事"的人（这

25

两个群体也可能会有重合)。这场战争以德国为主战场,欧洲不是
它的敌人。

由此引出第二点。尽管书中的内容看起来仅仅是在描述2 000
多年前发生在古希腊的历史事件,尼采宣称,这个历史维度实际上
是解决当代问题的手段。几年以后,在《人性的,太人性的》一书第
2 卷中,尼采写道:

> 希腊人是释义家——当我们提到希腊人时,我们不可
> 避免地同时提到现在和过去:他们那些熟悉的历史是一面
> 抛了光的镜子,总会反射出不属于镜子本身的一些东西。
> […]因此,希腊人把现代人的沟通变得简单了,那些微妙、
> 困难的话题现在都可以探讨了[1]。

核心主题是德国(或者欧洲)当代文化(既有广义也有狭义)
环境;理解这种环境并发起文化革命改变这种环境的方法之一,就
是研究希腊文化和悲剧。我们随后会看到,至少在之前的一百年,
欧洲,尤其是德国学者一直挣扎着想要理解古希腊人以及如何把
他们与当代世界联系起来这一问题。因此,希腊人是镜子这个想
法并不新颖。然而,把希腊人当做间接的手段,使人们理解并表达
原本无法理解的"现代"的事情,这个想法却是原创的。这个想法
的关键,前言里明确提到,是一部全面的哲学史。我们在后面会详
细探讨这个问题。

第三,我们在前言中读到一个对比,尼采常被日常琐事烦扰,
同时他又明显鄙夷这些琐事。1872 年夏天,尼采写道:

> 哲学家是自然界的自我启示——哲学家和艺术家揭示
> 自然的行业秘密。哲学家和艺术家的领域存在于当代历史

1　参见 Friedrich Nietzsche, *Human, All Too Human*, trans. R. J. Hollingdale, Cambridge:
Cambridge University Press, 1996, p. 264.

的动荡之上，需求之外。哲学家作为时间车轮的刹车蹄。哲学家出现在那些最危险的时刻——车轮不停加速旋转的时刻——他们和艺术一起取代日渐消失的神话。但是他们被远远地甩在了时间的前面，因为他们要获得同代人的注意需要很漫长的时间[1]。

27　　然而，这里说的"之上"、"之外"不是漠不关心，也不是相对于"动荡"的某种纯净（参见第15节末尾）。相反，被揭示的行业秘密实际上正是这个"动荡"的内在意义或结构。只是哲学家或者艺术家的功能在当代没有全部实现。哲学家或艺术家对生活琐事明显的不屑，是他们用来证明自己专注于严肃问题的方式。因此，尼采可以断言，我们不可以将爱国主义与"审美的自我放纵"对立，或者将严肃与玩耍对立起来。不论是哪种情况，后者都是前者的一种间接模式，而且是更成功的模式。同样，古希腊悲剧的历史研究是理解当代文化需求的最佳途径。

　　第四点，也是最后一点，尼采通过这一点将注意力转移到书的核心问题上，"艺术是真正的形而上学活动，是生活的最高任务"。这一论断解释了为什么狭义的文化可以在艺术当中得到实现。这一论断指向《悲剧的诞生》中第5节里最关键的一个论题，这个论题在第24节又重新提出过一次，即"只有作为美学现象，生存和世界才是永恒合理的"。因此，通过将艺术从"娱乐小节目"的边缘位置放进当代反-法国文化辩论的核心舞台，尼采希望可以对民族复兴作出更实质性的贡献，而不仅仅是加入当时民族主义宣战性的合唱团。

　　这四个观点对于理解尼采原著的目的和方法十分重要。

1　参见 *Unpublished Writings from the Period of 'Unfashionable Observations'*, transl. Richard T. Gray, San Francisco, CA: Stanford University Press, 1999, p.7.

第 1 节

日神和酒神:艺术动力及"生命观";正视新的美学科学。注:尼采与达尔文

开篇这一节铺陈了几个关键思想,这些思想的本质看似属于人类学和心理学范畴。它们构成了尼采历史分析法的基础,即**第 2 节**的内容。尤其要强调**第 1 段**介绍的日神和酒神这两个核心概念。另外,尼采的大胆风格在**第 1 句**就显露无遗,这也是尼采写过的最富文采的一句话。从开头我们就可以看出,尼采花了很大的心思"构思"属于他自己的思想语言。至于效果如何,随着我们对文本进行分析会越来越清晰。我们可以发现,尼采的文体风格和他组织论点的方式,与瓦格纳作曲的技巧极其相似。瓦格纳不但是他的现代偶像,还是他的艺术楷模。

表面上,尼采宣称,日神和酒神是理解艺术的必要条件。那么,我们马上就要发问,这是什么东西——几行以后,尼采称他们为"动力"(drives;Triebe),但是这到底是什么意思呢? 答案将慢慢揭晓,不过现在我们只要接受,日神和酒神是关于人类本质这一论断就可以了。尼采想用这些论断解释人类生命的活动和形式。人类,跟其他动物一样,是受一系列的动力或本能驱使的。有两个动力促成人们进行艺术活动、获得文化产物,这就是尼采所谓的日神和酒神力量[1]。后面我们会有很多机会来细化这一概念。不管怎

28

---

[1] 尼采选择的这对神,与席勒的人类学动力系统有关。参见席勒颇具影响力的论文集 *On the Aesthetic Education of Man in a Series of Letters*(1795),Bristol:Thoemmes Press,1994.

样,结果是,这两个以神话诸神来命名的"动力"[1],他们的结合所产生的影响,远远超出了艺术的范畴,或者说,艺术的重要性扩展到包含整个人类生命的程度。这两个艺术动力因此可以被认为是两个最基本的"生命动力"。

第一句话里至少有五个需要探讨的话题。

1.美学作为科学

尼采的原话不是"美学"(自 18 世纪以来,美学是哲学的一个分支,专门讨论艺术或者自然美);而是美学科学(science of aesthetics)。确切地说,德语"Wissenschaft"比英语的意义更广泛,其主要意思是自然科学或实验科学。尽管如此,即使忽略这个广泛的意义,将美学与科学相提并论,也会让人颤栗。这个组合重申了尼采在前言里的观点,即我们不要认为严肃(这里指科学探索)与玩耍(与艺术有关的一切)是两个对立面。它还强调了一个容易被人忽视的观点:日神和酒神的名字无疑来自希腊神话,也就是说,他们具有历史特殊性。然而,不管这些动力将来变成什么,它们都没有被限制在古希腊这个历史环境里。相反,沿用科学的做法,尼采宣称,这些动力具有"普遍性"(generality),可以作为基本的(或哲学的)人类学的原则。尼采将日神和酒神的普遍性使用到人类基本动力上,这就使他可以放开手脚,利用他们来分析古希腊文化,并且后来也利用他们去诊断现代社会的文化世界,以及当代德国和欧洲的文化。

连接美学与科学的另外一个方面,是尼采突破性的假设,也是整部《悲剧的诞生》的基础,即两种人类学的动力在文化历史的物

---

1 参见 Weaver Santaniellol(ed.), *Nietzsche and the Gods*, Albany, NY : State University of New York Press, 2001.

质产物中具有确凿的、纪实性的证据。事实上，我们不论是从过去的历史还是最新的文化艺术产品中，都能够看到这些力量的痕迹。即使是文化形式的精神层面——比如悲剧——也是这些基本人类学力量的表现。作为人类基本本能，这两个动力相互作用，且他们在任意历史时刻的交互都带有独特的文化形式和时代特性，使我们可以轻易辨认出来。比方说，酒神活跃在音乐领域尤其是和声和旋律方面，而日神的主要领域则在雕塑、建筑、悲剧和舞台艺术等方面。在文化时期，尼采认为日神活跃在荷马时代，以及罗马和巴洛克艺术与文化（此时已有很大变化）。而在酒神的作用下，则产生了前苏格拉底时代和中世纪的音乐与戏剧（亦是以改良过的方式，参见**第 16 和 19 节**）。

　　然而，这一明显的实证主义也使文本变得复杂。在文本中寻找这些艺术动力变成了尼采所谓的具有科学原则的古老文献学的新任务。文献学这门学科结合了语言学（研究语言的学科）和文学，尤其是带有比较性质和历史性质的文学。尼采在此时是巴塞尔大学文献学的一名年轻教授。他一方面将文献学与美学糅合在一起，另一方面又将其与人类学或心理学杂糅起来，这种做法本身就已饱受争议。更令人诧异的是，尼采宣称，批评本身，甚至于一般意义上的文献学本身，都是动力的表现：所有的文化产品都是基本艺术动力作用的明显证据，但只有那些没有被其他动力蒙蔽的人才能看清楚（参见**第 5 节**）。毫无疑问，尼采的主张引起了他文献学同事的责难，他们指责他偏离学术轨道（参见**第 4 章，接受与影响**）。尼采在书的后半部分又重新探讨了科学的本质，行文与我们上面的评论类似。我们会看到，尼采眼中的美学是一个宽泛的组合概念，它与形而上学和文化历史都有交叉。尼采通过美学想让大家知道，如第一句话所暗示的那样，除了一心一意追求现代实证科学还有别的项目可做，它还可能为科学注入新的生命。

30

2.直观

我们对第一句话的第二个理解就是,概念性理解与直接体会或者"直观"(Intuition;Anschauung)构成对立。"直观"这个词是自康德以后,德国哲学家使用的一个词,用来指人与事物之间立刻产生的感觉关联,这种关联与经由概念而被中介的关联相对立。这个区分对于尼采来说很重要,事实上,为了强调,他在第二句中再次使用了这个词("诸神惟妙惟肖的肖像")。我们已经讨论过,人们可以通过直观直接感知到文化客体中动力的作用,也讨论过,即使最高形式的艺术也是为了满足最基本的本能而创造出来的,而且批评和文献学(还有它们以概念为驱动的分析手法)通常都被其31 他主要的动力蒙蔽了。所有这些矛头都指向抽象价值和抽象思维,但是这一点到后面作者才会详述(第12节)。尼采还重新评估了头脑—身体之分:头脑是精神化的身体,因此相同的动力可以体现为生理的、心理的,甚至是概念的作用。因此,我们才可以从传统的哲学意义上,以衍生的或者隐喻的方式将这些动力看作"原则"或者"概念"。

尼采应该知道,用两种互相对抗的原则来描写文化历史和文化发展的动态机制,一定会让读者联想到黑格尔。尼采没有在文本中正面批评黑格尔,但是《悲剧的诞生》有意与德国唯心主义(这一批作品出现在1800年左右,深受康德哲学影响)的概念化抽象形式决裂,尤其是与黑格尔决裂。康德,我们将会看到,还有席勒,目前仍得到尼采的高度敬重,但是除此之外,尼采明显感觉到德国思想直到叔本华才步入正轨。日神和酒神互相矛盾,但他们并不是黑格尔意义上的对立或否定。他们偶尔周期性的和解也是真实的历史事件,像黑格尔的历史事件一样,但他们却没有达到逻辑合成的地步,还不能产出新的动力或原则。诚然,苏格拉底哲学的出现(第 13 节往后的内容),代表了新的动力或原则出现在文化历史的舞台上。但是这个新事件并不是黑格尔意义下的逻辑合成的结果,因为,我们将会看到,在苏格拉底哲学中,日神和酒神的发展没有遵照黑格尔的辩证扬弃思想而被保存下来。相反,在苏格拉底哲学中,日神和酒神是被误解的、被压制的,他们的活动也只能以删减版的形式出现。因此,"苏格拉底倾向"的出现,完全与黑格尔所谓的世界精神变成更高级的概念相反(我们将在**第 4 节**探讨尼采与黑格尔的关系)。

3.进化

"进化"(Evolution;Forentwicklung)这个术语仅指宽泛意义上随时间而产生的改变或发展。自 18 世纪末以来,进化这个词在德国思想中占有重要地位,从狂飙突进运动到德国历史学派,整个文学和文化批评学派,都视其为历史理论的基础。尼采正是在这一传统环境下使用这个词的(参见**本节下文**)。然而,下文提及的生物繁殖类比,暗示尼采所指的是近代的生物进化理论,也许就是达尔文主义。这就十分有趣了,因为尼采与当代生物学的关系可以为他的思想增加一个额外的维度——我们一直认为尼采在人类学和心理学层面解释动力,或许我们应该也可以在更基本的生物学层面来解释动力。另外,我们上面提到过,我们并不习惯将文化与生物学相提并论。我们倾向于认为文化是与生物学过程分离且高于生物学过程的、有目的性的人类精神活动和思想。尼采的第一句话,表明他会攻击这一倾向,认为它根本是一个误会。

32

注:尼采与达尔文

　　《悲剧的诞生》构思的时间,恰好是围绕达尔文进化理论进行大辩论的时候。它描写的是在生物学与文化的十字路口,各种力量在斗争中争取自我实现。因此,这本书对 1859 年《物种起源》中达尔文未能解决的问题——生物发展的法则是否也适用于人类历史和文化——亦有所贡献。人类拥有意识,也拥有构建文化和社会的能力,因此,在这个领域进行特殊调研就成为了必要,这一领域既可以类比为广义的自然,又可以在某种程度上独立于自然。达尔文本人在 1871 年的《人类的由来及性选择》(The Descent of Man, and Selection in Relation to Sex)中提到了文化进化的问题,探讨了——加上其他相关问题——进化论在社会学领域的适用性。这导致了 1880 年代和 1890 年代欧洲产生了新一轮社会理论运动:社会达尔文主义[1]。读完《悲剧的诞生》,我们必然会得到一个结论,即这本书的目的便是参与到这场辩论中来。这些关注引发了后来的种族优越理论和优生学,它们作为"严肃的"理论性考虑[2]而得到重视,却让人有点无法接受。尼采是否读过达尔文的著作无证可考(第一个德译本出

1　参见 John Richardson, *Nietzsche's New Darwinism*, Oxford: Oxford University Press, 2004. 他提出(并给出了确定证据),尽管尼采对达尔文有明显的恶意,而且批评了达尔文生存理论的一个主要支柱:尼采其实完全采用了达尔文的基本理论,并以此作为他研究和批评文化的方法。有一个主要的区别就是,尼采试图用"强力意志"来取代生存本能,这个修正对文化理论和实践都带来了不小的冲击。

2　参见 Max Nordau, *Entartung*(Degeneracy), Berlin: Duncker, 1892。也可以在史蒂文森(Stevenson)的虚构作品中找到,比如 *The Strange Case of Dr. Jekyll and Mr. Hyde*(1886)。进化论思想发展概述,参见 Elof Axel Carlson, *The Unfit. A History of a Bad Idea*, New York: Cold Spring Harbor Laboratory Press, 2001;还有 *The Cambridge Companion to Darwin*, Jonathan Hodge, Gregory Radick(eds), Cambridge: Cambridge University Press, 2003.

现在 1860 年）。因此，这个问题就跟黑格尔和费希特一样，他们对尼采的影响只能是隐性的，然而，在达尔文这里，我们至少知道，尼采是从弗里德里希·艾伯特·朗格（Friedrich Albert Lange）那里间接地获取了进化论的信息。朗格在 1866 年发表了《唯物论的历史及其对现代意义之批评》（Geschichte des Materialismus und Kritik seiner Bedeutung in der Gegenwart [History of Materialism and Critique of its Significance for the Present]），其目的也是将达尔文生物进化理论应用到社会学领域。尼采的图书馆中藏有此书。

早于盎格鲁-萨克逊半个世纪的德国自己的进化论思想，也是此书的写作背景之一。德国进化论起源于 1770 年代，是上面提到的狂飙突进运动的一部分（参见**第 1 章，起源与方向**）。德国的这支"进化发展思想"（Entwiclungdenken）包括艺术批评、人类和文化人类学，以及对地球科学和地理环境的生理学研究，单打独斗在所有这些领域中都取得了突破性进展[1]。尼采就是在这个环境下使用了发展和动力这些概念[2]。我们会在后面讲解这些联系。

* * *

4.二元性

二元性（Duality；Duplicität）是指两个动力同时出现在希腊，这

---

[1] 德国进化论思想的唯心主义分支与后来的英国分支有很多交叉点。参见 Sarah Eigen et al.（eds），*The German Invention of Race*，Albany，NY：State University of New York Press，2006。这里研究了从康德开始，民族志中发展性思想的概念；另见 Stephen Jay Gould，*The Structure of Evolutionary Theory*，Harvard：Harvard University Press；2002。达尔文在《物种起源》（1859）中反复引用亚历山大·冯·洪堡，这个伟大的探险家、地理学家、动物学家、植物学家、火山学家和南美自由主义战士的作品，洪堡是歌德的密友，也是席勒期刊的撰稿人。

[2] 参见 Gregory Moore，*Nietzsche, Biology and Metaphor*，Cambridge：Cambridge University Press，2002.

并不是偶然事件。这两个动力不可分割,从最初就连在一起,相辅相成。他们之间最初的纽带很快就会变得明了;然而很多读者都忽略了它,并且尤其误解了日神的本质。尼采在这里非常明确地强调,即使他们互相否认对方,也不能把这两个动力分开考虑。这一点非常重要。一个特定的历史文化(及其背后主要的驱动力)必须一直与其对立的一方争斗。因此,对立的动力是互相依赖的。

34   另外他们还互相补充,使双方都能实现自己的最高境界(在悲剧中)。日神和酒神是整体的两个部分,没必要再把这个整体想象成一个完美的圆形,它更像一个被拉长了的、不完美的圆,像有两个焦点的椭圆形。因为这个"双焦点性",我们称《悲剧的诞生》是一本"反古典"的书(参见**第 3 节,注:尼采,德国的希腊主义与荷尔德林**)。或者,两个动力之间的关系可以类比为音乐对位法:我们后面将会看到,尼采非常喜欢用音乐谱曲做类比。

用尼采的话说,这两个动力活跃在个人体内及体外。他们的关系有一部分取决于我们的心理状态、我们的信仰和价值以及我们的健康状况。然而,尼采也说,他们与个人无关,好像他们属于人类的某个群体,或许属于整个人类(不错,这正是尼采的论断,我们马上就会读到)。最后,这些艺术动力在我们之外得到了物质表达,成为人类文化历史创造的一系列产物。这本书实质上写的是由于动力或本能挣扎着实现自己,从而引起的历史发展。这个观点,与从历史角度看到发展,或典型的启蒙运动或德国唯心主义传统的统一目的论,都大不相同。然而,尼采也期待对立双方的和解。如我们所知,尼采在他的第一本书里,向瓦格纳的新乐剧寻求支持,以实现这一愿望。但是,对于尼采来说,和解不代表合成或者对立统一。相反,对于尼采来说,这意味着承认对手是最高文化成就、也是人类本质的一部分。"试想,不协和音化作人形——除此之外,人还能是什么呢?"尼采在书的结尾这样写道(**第 25 节**)。

这就是尼采的革新思想；这就是他以为（在当时）瓦格纳传授的东西，这个思想后来被他发展成了"强力意志"和"超人"的概念：通过认可和积极的庆祝差异和矛盾形成新的人性模式。《悲剧的诞生》的核心思想是，否认对手意味着人类的衰退。尼采对此的重要例证，就是他所谓的"苏格拉底主义"这段历史。我们将会读到，这段历史在一个非常狭小的范围获得了胜利，文化失败、迫在眉睫的知识危机和道德危机包围着这个小小的圈子。书的前半部分对古希腊的历史时刻进行了调研，那时候，认可对手开始取得一些成果，但是很快，欧洲文化史急转直下，走向了错误的道路。这个历史转变的理由是要寻找当前文化复兴的可能性[1]。

5.两性及繁殖

类比中提到生殖繁衍，这暗示两种动力可能是异性。我们不禁要推测，两个动力中哪一个在繁殖中起到了女性作用，哪一个又起到了男性作用。整部书中都可以看到这种以调侃的口气暗指性、性别及两性之间的斗争。尼采在后期的著作，比如《查拉图斯特拉如是说》中，更加清晰地讲述了这个主题，并创造了一套详细的关于性和性别的象征性词汇。尼采通过分配性别角色来陈述哲学观点，其著作中不乏这样的例子，这一点毫无疑问。同样清晰的是，尼采因为有一种独特的扭曲的幽默感[2]，这样做效果还很好。问题是，性别分配得是否合理，以及这样做为哲学问题带来了什么

1　与此类似，十年后，尼采会再次利用历史人物琐罗亚斯德来戏剧化现实的其他可能性。

2　著名的鞭子格言（《查拉图斯特拉如是说》第1/18 部分，"论老妇人和年轻小女人"）这里的解读没有对女性的侮辱的意思（见 Janz, Zugänge, p.15）。另见 Frances Nebitt Oppel, *Nietzsche on Gender*, Charlottesville, VA: University of Virginia Press, 2005; Kelly Oliver and Marilyn Pearsall（eds）, *Feminist Interpretations of Friedrich Nietzsche*, Philadelphia, PA: Pennsylvania State University Press, 1998.

好处。很多评论家都认为书中充满令人生厌的男性控制的陈词滥调，且发现尼采在这个领域的隐喻风格受到了 19 世纪末期德国性别政治[1]的污染。还有人认为，尼采构建的象征系统比最初的版本，不仅更精细，且没有那么大的价值负载。在这一段中，也许我们可以看出调侃的语气，或者至少是程式化的后浪漫主义的醒悟（奥古斯特·斯特林堡[August Strindberg]语），尼采想当然地认为二者之间的关系大部分是狂风暴雨，偶尔也有交流，即繁殖交配的缓解时期。不管怎样，把两个动力的关系与生理伴侣的关系联系起来的主要目的，就是要展示他们之间互相依赖的本质。因此，这个类比强化了上述第 3、4 点的观察（与进化论的联系及两个动力之间最初的纽带）。[2]

显然，我们无法对尼采书中每一句话的因果关系都做如此详尽的分析——尽管大部分读者都会受益于此。上面对一个句子展开如此详细的讨论，只是想证明一个总体原则：抛开充满激情和自由的文体风格不说，尼采是一个非常严谨认真的作家，他让每一个词语都身兼数任。因此，第一句话在文体风格上的野心就已经给人留下了非常深刻的印象。这种写法故意使人联想到其与瓦格纳的通谱体歌剧的相似性[3]。

日神和酒神是尼采为两个（驱）动力（drives；Triebe；偶尔也被

---

1   参见 Philipp Blom, *The Vertigo Years*, *Change and Culture in the West*, 1900—1914, New York：Basic Books, 2008。他提出，1914 年之前，文化和政治发展的路径受到性别角色的不安全感的严重影响。这个观点也可以往回推到 19 世纪下半叶。

2   尽管有很大的区别，阿里斯托芬在柏拉图的《会饮篇》中对性爱的解释与之也有关联，我们不要忽略这一点。*Symposium*, trans. Alexander Nehemas and Paul Woodruff, Indian apolis, IN：Hackett, 1989。在后面的对话中，苏格拉底明确反对阿里斯托芬的说法。然而，苏格拉底这样做，只是想用爱的感化取代它，这种爱也依赖于两个不同的原则（贫穷和富有），他们有一个共同的理性（智慧的诞生）但从来不会结合。

3   这个词常用于音乐分析，是指，比如，不遵循宣叙调/咏叹调模式的歌剧。尼采在第 19 节对此有探讨。在瓦格纳歌剧中，音乐和戏剧元素总是纠缠在一起。

翻译成"本能"［instincts］）起的名字。（驱）动力这个术语多应用在19世纪生物学上，指生物体内整体的且通常比较强烈的冲动，使生物体根据其基本生物功能做出这般或那般行为。对于人类这个动物，比起有意识的决定，动力通常处于较低或者更基本的层次。在英文中，我们比较习惯说"生殖动力"，或者"生存动力"。前文提到，尼采的动力概念暗指英国和德国的科学进化理论。尼古拉斯·马丁 1（Nicholas Martin）证明，尼采的动力概念也应用了席勒在《美育书简》（*Aesthetic Letters*）中使用的重要人类美学原则。席勒的观点建立在约翰·戈特弗里德·赫尔德对文化人类学的攻击之上（比如 1774 年的这篇实验性文章《人类形成的另一种历史哲学》［*This Too a Philosophy of History for the Formation of Humanity*]。赫尔德早期的作品强调，在艺术创作中，原始的本能冲动压过有意识的理性，而占上风。这个理论也是德国狂飙突进艺术运动最初的核心标语之一，这引发了德国 1800 年之后的现代文学。它不光出现在魏玛古典主义的背景之中——歌德和席勒的思想即建立于此——还影响了国际浪漫主义，尤其是英国一支。柯勒律治和雪莱都对其了如指掌；它也是拜伦主义的孵化平台。

在赫尔德和席勒的影响之下，尼采提出，这些动力促使生成不同种类艺术。尼采称之为艺术动力（Kunsttriebe［Art drives］；席勒使用了 Spieltrieb［playfulness］一词 2）。鉴于此，也可以认为艺术是一项基本生物功能。这就是席勒眼中的艺术的本质，这一观点强调人类学基础中生产和享受艺术之美的维度：人是游戏者（爱玩的人类，指游戏和戏剧）也是审美者（艺术的人类）。通过艺术来表达

37

1   参见 Nicholas Martin, *Nietzsche and Schiller. Untimely Aesthetics*, Oxford: Clarendon, 1996.

2   参见 *On the Aesthetic Education of Man in a Series of Letters*（1795），trans. Reginald Snell, Bristol: Thoemmes press, 1994, letter 15, p.76.

本质是人类与生俱来的特性。我们对第一句的解释提醒我们,尼采反对我们把文化和生物看成完全不同的领域;前言也告诉我们,尼采认为艺术是人生"最高的任务"。其次,更令人吃惊的是,这里没有任何词汇显示,"动力"必须处在生物个体之中。事实上,尼采在第 2 节开头总结了这一论点,他说,"作为艺术能量",这些动力"从自然中迸发出来,不需要任何一名人类艺术家的调解"。然而,这并不意味着,他们不会通过个体来显现自己。另外,确切地说,尼采后面会提到艺术家个体:荷马、埃斯库罗斯、瓦格纳等。但是这些动力的艺术活动范围远远超出了生物个体,甚至群体。它是普遍存在的,最后会包罗这类人群、生理类型、口头及书面文化、历史时期、政治、艺术、哲学,甚至可能是气候、饮食、地理等。古希腊的生命总体(total life)被理解成好像它是单一的生物,是互相影响的力量叠加起来形成的一个复杂整体[1]。这个合成的复杂"生物"通常以杰出个体的方式展现自己内在的动力,而个体则是当时几个特定力量的代表。其中一些人,比如荷马、埃斯库罗斯和索福克勒斯,被描绘成 18 世纪的天才,代表着被当时的创造力所启发的载体,这些创造力通过这些个体载体表现自己;其他人(我们在第 12 节以后会读到),像欧里庇得斯、苏格拉底和柏拉图,则被选为负面例子;尼采羡慕他们的精力、单纯和他们的成就,但是他们却是不诚实的,在某种程度上是"病态的"。然而,对品质的道德判断不是尼采的核心论题,论题已经从 18 世纪对美学的立场转移开了。尼采的思想已经朝着超越二元道德规则的方向走去。对尼采而言重要的是,各种不同力量的活动对文化历史的发展动态所起到的

---

1 在 1860 年代末,尼采起草了一篇关于康德目的论的文章,其中主要关注的就是生物体的本质。参见 Elaine P. Miller. 'Nietzsche on Individuation and Purposiveness in Nature' in Keith Ansell-Pearson(ed.), *A Companion to Nietzsche*, Oxford:Blackwell,2006.

影响。他认为历史人物画廊中代表各类历史的不同个性特点（包括日神和酒神），都只是这些活动的载体而已。文化通过这些代表的作品理解自己、定义自己，而这些代表则起到不同文化和艺术"倾向"之标签的作用。回顾一下我们引用过的一句话"哲学家（和艺术家）是自然界的自我启示"[1]——这里显露和被显露出来的是自然，不是哲学家也不是艺术家。**第 2 节开头**重复了这一观点。

这一节其余的文本都在论证**第 1 段**的主要论点，即艺术动力源于身体层面。日神和酒神之间的对立对应于梦和醉这两个生理现象，尼采把这两个现象看作两个不同的"艺术世界"。当我们做梦的时候，尼采说，"每一个人都是一个完完全全的艺术家"。梦是日神最直接和普遍的一个体现，也是最重要的识别日神实质的方式。日神的梦境艺术世界所涵盖的内容，包括强有力的形式艺术，比如雕塑和建筑——以清晰的形象、有力的线条或外观为主导，我们后面会做详细介绍。日神音乐有很强的韵律和节奏感；日神诗歌属于史诗系（荷马）。这"美好的外表"不比"我们存在并生活于其中"的现实更加虚无缥缈——实际上外表的价值更大（参见**第 4 节**）。因此，尽管尼采这里强调把动力看成艺术动力，他并没有忘记这些动力更广泛的人类意义。所以，比如在**第 21 节**，日神阿波罗是"创造状态"的神（个体、空间和体系结构中的清晰和秩序），最精通政治本能。日神力量不光在梦境和虚构文学中显现自己，也会把我们的周遭变得跟梦境一般，通过这种方式从真实事物中显现自己。

然而，尼采将"美好的外表"与日常现实做比较还有另外一个原因。顺着叔本华的思想，尼采问：假如我们所处的现实本身就是"另外一个、相当不同的现实"的外表，即我们所体验的现实背后的

1 参见 *Unpublished Writings*,1999,p.7.

现实,那该怎么办?"一个有艺术感的人与梦境现实的联系,跟哲学家与生存现实的联系是相似的"。因此,在他们各自的领域,他们都属于日神的图像世界,从这个类比中,我们可以看出,尼采对作为哲学家的自己的评价。艺术家与哲学家一样,本质上需要从日常现实之下,感受什么是真实。尼采因此郑重断言,梦境本身就是一个梦,或梦中之梦(a dream qua dream),这意味着它意识到自己是其他东西的外表。至此,尼采提出了对外表之外表的永恒意识这一概念,他对日神的出场介绍也就完成了,下面他开始介绍酒神。

酒神的沉醉艺术世界首先包括音乐、舞蹈和至少一些类型的诗歌(赞美诗或抒情诗,我们在第5节会讨论诗人阿尔齐洛科斯)。这些领域重视模糊的形象和线条(在音乐领域强调乐曲的和声及旋律),劝说人们狂喜地丢弃个人身份和意识控制。尼采这里讲的是促成不同类型文化产品的冲动,但同样重要的是,他也在宣称,每一个这样的动力都有形而上学意义,一种内在的以某种方式理解现实的承诺。那么这些动力的形而上学承诺到底是什么呢?第一个线索来自尼采对梦境的某种自我意识。他说,做梦时,我通常都知道我正在做梦,即梦境不过是一个"外表"。使日神艺术如此美丽、使我们如此愉悦的,不仅仅是它的形式特性(比如,对称或比例等美学特征),更是一种永恒的感受,即这个形式不过是一个幻象。梦境若丢掉对外表的这一感受,就会变成"病态":因此日神艺术必须有所节制,冷静,不受狂野冲动的影响。我们会在下文详细讲解日神和酒神在实践中表达出来的形而上学概念。

尼采用伟大诗人但丁在14世纪创作的《神曲》来支持叔本华对现实的哲学解读。这部创作于现代文学之初的伟大文学作品是尼采的艺术楷模之一。尼采就像是旅行者但丁。但丁在维吉尔(Virgil)的带领下到达了痛苦之城,并学习如何解释他们看到的一些画面的意义。对于尼采来说,《神曲》充当了维吉尔的角色,它是哲学家尼采的向导,带领他解读生活大游行的画面。它也有助于尼采改写柏拉图主义:"我们生活并存在的现实"不是一场我们可以置身事外的"影子戏"(这里指柏拉图在《理想国》里关于洞穴的寓言)。对于尼采来说,哲学家身处这个如梦境一般的生活现实之中。他自己也卷入了"布景"之中(尼采这里故意用戏剧词汇,以此呼应但丁的《神曲》)。跟但丁类似,哲学家在旅途中将自己融入场景,通过地狱(Inferno)和炼狱(Purgatorio)到达天堂(Paradiso),"并分享痛苦"[1]。在构建寓言这个层面上,尼采历史画廊的代表人物也采用了但丁在《神曲》中所利用的手法:苏格拉底、查拉图斯特拉和维吉尔都是真正的历史"人物",不仅仅真实,他们还是动力的鲜活代表,代表动力所体现的形态[2]。

40

在**第3段**,他思考了"阿波罗"这个名字的意义。尼采这里用了一个德语双关语,但是翻译成英文的时候双关的意义就没有了。阿波罗这个词的词源词根,"Scheinen",在德语中是"光明的人"(the luminous one;der Scheinende)[3]之意——因此,日神与光明、清晰、明朗的线条和外观有关。然而,德语"Schein"或"Erscheinung"还有"显现"或"现象"的意思,即"出现在我们面前"的意思。席勒用"schöner Schein"这个词语形容艺术(意思是"存在的美好展现");席勒认为艺术作为半透明的面纱,透过这一面纱,存在发光或者显现出来。使用"Schein"(显现)的人,必然暗示该词的匹配词"Sein"(存在);这两个词永远融合在一起,尼采就是用这个双关来类比日神和酒神的关系。凡是提到日神,就必然暗示着酒神的

1　我们从这些结论里可以看到,这预示了不到三十年后出现的弗洛伊德的《梦的解析》(1899/1900)。详见**第4章,接受与影响**。

2　对寓言的讨论,参见 Robert Hollander's 'Introduction' to Dante *The Inferno*, trans. Robert and Jean Hollander, New York:Anchor, 2002.

3　参见 John Sallis, 'Shining Apollo', *in Nietzsche and the Gods*, pp.57-73.

存在。但这个词还有第三层意思,且对理解《悲剧的诞生》极其重要:除了"光明"和"显现","Schein"还有"外表"、"幻象"和"欺骗"的意思。马克思曾说意识形态是"falscher Schein"(虚假的存在)[1]。

这三个意思贯穿于《悲剧的诞生》文本之中。尼采加入了"存在与表象"的辩论,这场辩论在现代德国哲学,尤其是德国唯心主义哲学中占据非常重要的地位,包括康德[2]。从表象的积极意义上讲,只要表现出来,或者发出光,"Schein"就是存在;因此,在一般意义上讲,表象是真实的。表象与存在并不对立,而更多的是关联,表象是存在体现自己的方式。然而,从第三个也就是负面意义来讲,"Schein"仅仅是幻象或欺骗,而不是真实存在或关于存在的事实;尼采与柏拉图在这个观点上意见不一致。尼采的形而上学试图穿行在这些意义之中,保存"Schein"的积极意义,也保存它的负面意义。[3] 不管怎样,表象必须要知道自己是表象,除非"它……快病了"。这就是尼采所理解的意识形态的"错误意识",这时表象被认为是存在本身,没有深度也没有深层意义。《悲剧的诞生》就是用这第三层意义,即错误的、病态的表象,来介绍"苏格拉底倾向"(参见第13节及以后)。我们将会看到,尼采频繁使用病态表象的欺骗特性(弗洛伊德的"神经症"概念也是在这里构建出来

41

---

1   席勒用"logischer Schein"指"错误的外表"。这与尼采后来对苏格拉底倾向和科学的批评相呼应(参见从第13节开始)。尼采是不是混淆了他的隐喻?因为他好像将光与亮度仅仅比喻成表象或幻觉(第三层意义)?那样的话,我们思维就是柏拉图式的。酒神是"黑暗"(参见第9节)。但是光明和黑暗不是针锋相对的价值,他们在健康的生物体中互为补充作用。另见 Jacques Derrida's treatment of a related passage in Aristotle in 'White Mythology' in *Margins of Philosophy*, trans. Alan Bass, New York: Harvester, 1982.

2   康德对"表象"的解释,参见 Douglas Burnham and Harvey Young, *Kant's Critique of Pure Reason*, Edinburgh: Edinburgh University Press, 2007, pp.36ff.

3   尼采后来放弃了第三层意义,正是因为他放弃了真正存在的概念。关于尼采对"Schein"的用法,有一个特别重要的解释,参见 Martin Heidegger, *Nietzsche* and John Sallis, *Crossings: Nietzsche and the Space of Tragedy*.

的）。"病态"这个词对这本书有特殊的重要意义。尼采用它来宽泛的指代，艺术动力的疾病，尤其是导致某种程度上形而上学盲目的疾病。更具体地说，它是激情（Passion）或感情（词里的"pathos"即指痛苦）的疾病，它将个人的激情和感情放错了位置——如同反对日神冷静的特性，或者反对酒神去个人化的狂欢（这将在**第12节**讲解）。

日神的"表象"最重要的一个方面是它与"个体"的联系。有时候，表现出来的就是存在本身，以独立个体形式存在，且区别于其他存在的表象。尼采认为日神艺术的形而上学承诺，与叔本华提出的个体化原则（principium individuationis）一致。这个原则讲的是，个体是生存的基本形式，个体先于组合或个体之间的关系而存在。A个体可以独立于B个体而存在，不用通过B即可以理解A。A和B首先得是独立存在的东西，然后或许会形成某种关系（比如因果关系）。因此，两者既独立又有关联，一切都非常有秩序且可知。比如，因果关系（充足推理原则的一种形式）在受控制条件的情况下，可以作为科学来学习，这里的"受控制条件"指的恰恰就是个体和他们不同的物理量。普遍性法则形成了，这些法则管控事件的必要性，不会出现没有因果的事件。同样，尊重彼此的个人界限和个体行为，是基本的道德法则。强调独立对应于日神艺术强调清晰的形象和形式、有力的线条和外观，以及明亮的光线。尼采引用叔本华的类比，A是一个人，他的独立形式是一艘船，而B则是环绕它的海洋。只有当他深信，自己与海洋原本就是不可侵犯的独立个体时，他才会感到安全。叔本华断言这个原则是个幻象，但是它是幻象这个事实，已经为我们揭开了。"摩耶的面纱"指的就是叔本华的上述论断。然而，日神艺术——以及这个艺术动力的形而上学意义——不仅仅是躲在面纱后面的幻象艺术。相反，尼采反复强调，日神艺术知道这个事实（做梦的人知道他在做梦），

42

并且秩序、可知性和幻象的美妙证明了这一点（做梦的人想继续梦下去）。因此，正确的理解应该是，日神的形而上学承诺不仅仅关乎现实的本质，也关乎其价值：只有通过幻象的美丽，才能验证现实是表象（**第5节末尾**非常清晰地解释了这一点[1]）。

我们一定不要忽略一点，那就是，以形象和幻象的角度讨论艺术，是柏拉图的思想[2]。柏拉图说，所有的艺术都建立在幻象之上，因为艺术基于实物创作形象，而这些实物本身，按照"只有思维才是真正的现实"的思想，也仅仅是形象而已。这些虚幻的形象非常危险，因为它们诱惑我们远离真理而不是引导我们走向真理。尼采自然会提出一个与柏拉图不同的形而上学真理，但他至少认同柏拉图在狭义上对真理的理解，即把形象当成基本的或真实的存在这一做法是错误的。因此，尼采对柏拉图的价值评估进行了细微的改写。尼采问，"这个诱惑的价值或目的何在？"柏拉图看不出它有任何价值，因为表象不是人真正关心的东西，在书的后半部分，尼采在讨论苏格拉底（柏拉图的老师）的时候，他会解释如何评价表象，并解释他与柏拉图的不同。基本上，尼采在这里展示了他整个哲学生涯都关注的问题，这个问题不是真理或者概念本身，而是他们在历史文化中的功能和价值。

如果日神与个体化原则相关（尽管清晰地意识到它是幻象），那么酒神则致力于表达与之对立的形而上学观点。这是**第1节第**

---

1   如会在**第21节**讨论的那样，对于叔本华很重要的船的意象及其象征意义，对瓦格纳也同样重要，瓦格纳《特里斯坦》里面包括了船的场景，这是歌剧情节的重要元素。尼采自己用这个形象作为主旨主题（参见**第14节**和**第21节**）。

2   这个文本是与柏拉图思想的论战，我们在后面还会引用这些段落。艺术仅作为幻觉的副本，参见 *The Republic*, trans. Robin Waterfield, Oxford：Oxford University Press, 2008, 595Aff. 洞穴寓言（以及柏拉图的光、影子和黑暗隐喻），514a-521b。对《理想国》的讨论，参见 Darren Sheppard, *Plato's Republic*, Edinburgh：Edinburgh University Press, 2009.

4 **段**概括的内容。自然本来是一个"太一"(das Ureine)[1]，没有时间、空间及概念的区分。所有的"事物"最初都在这个整体里相互关联，他们的差异或独立是次要的、虚幻的；所有的事物都不过是这个根本的、涌动的"意志"的临时组合。既然数字的适用性建立在时间和空间概念之上——如果一个物体，它的各个组成部分都没有在不同的地点和时间分开出现过，则认为它是一个整体——那这最初的自然并不是那个意义上的"整体（一）"。意志不是一个个体，尽管我们说过只有唯一一个个体。相反，意志是连续性整体[2]这个意义上的"一"。基本本质或者意志这个概念来自于叔本华（还有来自一大批哲学家的影响，比如斯多葛学派和新柏拉图主义者，斯宾诺莎和与尼采同代的美国当代哲学家爱默生）。酒神文化试图在这个"统一整体"里掩盖个性。从日神的观点来看，这是对个体的威胁，是危险的，因为它预示着个体将丧失区分、评估能力，就好像人喝醉的时候会失去自我认知和控制能力，或者在"迷幻"状态下，人真的"出窍了"。相应的，日神也是危险的，因为它意味着将存在"拆分"成个体。因此酒神更新人与人之间的自然"纽带"，使他们不再认为自己是受人造法律和习俗所限制、隔绝出来的独立的个体；酒神也庆祝自然与人和谐生存的世界（在植物和非人类动物的意义上），这个世界之前认为自己是散乱的。处在酒神状态的人不能制造神圣的梦境形象，因为在这股酒神动力的控制下，他不再是一个制造独立形象、表达形而上学真理的个体。相反，他或她本身就是真理的表达和实践，因此也是"太一"创造出来的艺术作品。然而，艺术表达的纯粹酒神状态并没有被《悲剧的诞

1 　指没有时间、空间、概念、物质、灵魂之分的原始自然、统一整体，是意志的最高境界。——译者注

2 　在"外在"意义上，这个概念的康德基础，参见 Douglas Burnham, *Kant's Philosophies of Judgement*, Edinburgh: Edinburgh University Press, 2002, pp.65-78.

生》奉为完美。我们将在**第16节**读到,"无标题音乐"是"太一"的直接艺术表达,它的重要性仅次于悲剧和瓦格纳乐剧的混合形式。

44   尼采这本书的主要观点就是,两股动力之间不断较量所带来的高级状态,是人类生存的最高境界,也是人类文化最高端的产物。

尽管尼采借用了叔本华的意志或"太一"的形而上学概念,他决心要证明叔本华由此得来的悲观主义是错误的。叔本华认为,尼采所谓的酒神观对个体来说,是一个充满了无休止的痛苦和无价值的世界;这个世界存在的条件是,它永远无法得到满足却又无时无刻都因缺乏满足感而痛苦。这种痛苦的状况只有当我们压制意志的时候才能得到缓解。(叔本华认为它是"对世界的救赎"。[1])尼采有两种回应方式。首先,他说,日神的美好世界不仅仅是一个幻象,也是一个"神义"(theodicy;它证实生存);不仅仅是对意志的压制(废除或取消之意),也是一种生存,它虽然表面"镇定"或"平静"实则充满了愉悦和活力。第二,进入酒神状态确实意味着摧毁个体,但是随后因与自然重新结合而带来的狂喜却做了补偿。另外,与缺乏满足感的痛苦相对应的是时刻创造形式的快乐。修改叔本华的形而上学哲学是这本书的一个关键主题[2]。

第1节结尾把历史上所有异教徒典故结合起来,包括犹太基督教语言(圣约,福音书),也提到了席勒和贝多芬。(这里特别提到贝多芬《第九交响曲》,因为它并不是一个纯粹的交响曲。它实际是一个混合形式的乐剧:在第四乐章包含了席勒的《欢乐颂》,这

1　参见 Arthur Schopenhauer, *The World as Will and Representation*, trans. E. F. J. Payne, New York: Dover, 1969, vol.1, p.152. 注意,尼采和叔本华在使用"Trieb"这个词的时候所指也有很大不同,对叔本华来说,它指的是意志最低级的物化,盲目且没有创造性(见第一卷,p.149)。

2　因此,尼采在1871年时反对1886年时他所谓的叔本华虚弱的悲观主义,酒神的积极性格中暗示了有力的悲观主义。尼采后期关心的是这里面的"安慰"作用,这要么根本不是悲观主义(因为它赋予存在一个内在的价值),要么很容易重新回到浪漫的虚弱悲观主义。

不是交响乐常见的做法。)尼采故意使用这种混杂的引用,通过这样做,他告诉我们,酒神的动力普遍存在于所有文化的背后,并且在艺术中以毫不掩饰的方式欢庆。尼采描写酒神时激情洋溢,且具有感染性;众所周知,尼采晚期的著作中酒神形象仍然占据重要地位,但是日神的形象却好像消失了。因此,在读《悲剧的诞生》时,很容易让人觉得,两个动力在人类文化中的重要性和能力好像不是那么平等。尼采虽然是分开讨论两个动力的生产力和意义,但是书的前三分之一的中心话题却是:这两个动力紧密相连,正是他们之间的调和或合作,才达成了希腊文化的最高成就——悲剧。

45

第 2 节

前苏格拉底时代活跃在希腊的艺术动力;三种象征;亚洲和希腊文化中酒神的精神起源

第 2 节开始讨论《悲剧的诞生》的历史维度。在讨论黑格尔的时候,我们提出,尼采这本书的动机就是批评现代德国哲学。我们借助"动力"(也可以称为"鲜活概念",因为他们根植于人体之中,且在历史文化中以不同形式展现自己)这个概念,试图描述唯心主义形而上学的传统概念与尼采对这一路径重新给出的定义的差别。我们很快会在**第 5 节**详细介绍,尼采也想以形而上学的方式证明这个世界。表面上看,两个以神命名的概念借鉴了康德所区分的显象(appearance;叔本华的表象[representation])和物自体(叔本华的意志)。然而,尼采的形而上学路径是矛盾的,或至少是讽刺的。或许我们可以称他为"形而上学实证主义者",因为追随着德国发展理论这条线上的赫尔德和其他思想家(质疑康德的思想家和唯心主义形而上学的思想家),尼采在他的著作中,从《悲剧的诞生》开始往后,试图回答的核心问题就是:形而上学原则如何能

够在经验世界里作为物理现象显现出来？尼采在这里给出的答案
是，真正的形而上学只在艺术中显现。他认为文化发展很大程度
上取决于艺术发展，预示形而上学倾向。《悲剧的诞生》以激进的
方式拓展了传统文献学，并试图解释上述问题，展示阅读形而上学
文本的可能性。或者，换一种说法，当他们在文化历史之中有所行
动的时候，日神和酒神（不管是独立还是整体，抑或与其他非艺术
动力一起）采用了什么样具体的形态和样式？该书剩下的篇幅都
在研究这个问题。一直到**第 12 节**，这本书都是以希腊悲剧做案例
分析。希腊悲剧是由音乐、神话和戏剧组成的复合文学形式，它的
历史发展是一种特定文化现象，最后，希腊悲剧体现出前苏格拉底
时代文明状态的形而上学意义。

46

这一节开始便明确指出，尼采讲的不是个人或艺术家有意识
的决定，而是普遍动力。他称之为"从自然本身迸发出来"的"自然
的艺术状态"。尽管日神在影响文化的时候通过艺术家实现自己，
也通常产生个体性，它本身却不是从某一个体源头滋生出来的。
酒神也一样，这个动力制造"醉的现实"，其起源不仅同样独立——
跟日神一样，它与个体几乎无关——而且，更重要的是，它直接与
个体对立：它甚至想"通过传播一种神秘的整体感而消灭、转化或
释放个体"。人类作为有意识的个体艺术家（尼采也愿意将哲学家
包括进来），只会"模仿"这些动力的"直接"表现。（使用模仿这个
概念是想让读者联想到柏拉图的《理想国》和亚里士多德的《诗
学》）。自然的艺术状态表现得像原始形象（Urbilder；original ima-
ges），艺术家们以此为基础进行创作。因此，尼采根据艺术及艺术
作品所受启发的主要自然艺术状态对艺术进行了分类。在自然的
直接表现这个表达中，自然指的不是自然形式或人种类别的本质
特征（这与亚里士多德对自然的理解正好相反）。相反，这里的自
然，指的是各种动力最直接的表现，他们构成"太一"这个单一且不

断发展的系统。

但还有第三类艺术家,在书中他们得到了尼采的特别关注。这就是悲剧艺术家。通过悲剧艺术家,两种动力合二为一。在悲剧艺术家身上,两种行为互相交织;实际上,是有次序的进行:首先,他失去控制进入到"酒神沉醉和神秘的自我放弃阶段"[…]"这时,在日神梦境的影响下,他自己的状况,即他与世界最深层的统一整体,以象征性的梦境形象向他显现出来"。这是尼采第一次模糊地勾画的悲剧的本质。他会继续在后面的几节中继续补充内容。

尼采在此介绍了象征概念。在尼采的艺术动力与文化形式之关系的理论中的一个核心概念。它也是尼采有关表现、人类感知及表达性理论的一部分——或者,更具体地说,是他的语言理论的一部分——不过,这部分内容没有在《悲剧的诞生》中论证。想要了解这部分内容需要阅读尼采同时期的其他作品。在本书中,我们会试着在**第 8 节(注:尼采的语言哲学)**的语境下简单解释这个理论。目前,尼采的"象征"是指从动力到其他东西的转变,这个东西可以将那个动力特定的形而上学原则具体地体现出来。一个象征或隐喻,只要它能够将其所代表的东西展现在此地此刻,那它就是成功的;这就是尼采所谓与日神和酒神相关的"魔力"或"转变"。对比来看,表现,尤其是概念,与其根源总是分离开来的。它或许不是准确的表现,但准确性指的是对其他原始事物进行复制的质量。一个隐喻和象征符号将动力的意义在当时当地表现出来,这个行为可能不会被形容成"准确",只能是"有效"。当然,从外部来看,象征符号本身也只不过是一个表现或魔法——对没有美感的人来说,魔法毫不出奇(见下面**第 5 节**和**第 11 节**的评论和批评)。因此,尼采将探讨悲剧诗人欧里庇得斯如何错误地从心理学而不是艺术的角度解释悲剧。

与三种类型的艺术和艺术家对应,有三种类型的象征。本节**第 3 段**讲的是酒神象征;下一节讲日神形式象征;第三种类型要到**第 8 节**才有完整的论述。日神艺术的主要特点是形象(Bild,尽管尼采也会从"表象"意义上谈论日神)。通过日神魔力,形象(否则只是表现)变成了象征符号。这跟与酒神产物有关的一系列符号形式形成对比。酒神艺术的核心是一种特定音乐,这种音乐与其他的艺术形式形成一个组合,与具有"声音之中的多利安建筑"之称的"日神音乐"有着本质的区别。与透明的日神音乐相比,听众听到"酒神音乐会感到恐惧"。酒神音乐迷惑人心使人沉醉。尼采对舞蹈尤感兴趣,认为舞蹈是一种酒神形式的象征,他也对"酒神颂歌"很感兴趣,这是音乐化诗歌语言的一种特殊吟唱方式 1 。

尼采在《悲剧的诞生》中真正的兴趣所在是第三类象征,这从**第 1 段**最后一句长句可以看出。悲剧情节就是,日神象征酒神的原始体验(ur-experience)。这就是两种动力在悲剧中的合作的本质,因此也是独特的形而上学艺术体裁。

这一节接下来进行了三个简短的讨论,旨在充实日神和酒神的概念,不过现在他们不再是形而上学的泛称,而是体现在古希腊的历史行为中。**这一节重点介绍在日神的影响下,酒神的地理分布、功能和角色;接下来第 3 节则探讨日神的角色。紧接着在第 2段**对希腊梦境的本质做了大胆推测。梦是日神动力最直接的体现。尼采在这里论证,古代和现代时期的梦境在意象、逻辑和结构上都有区别。在前苏格拉底希腊文化中我们可以看到梦境和艺术(荷马史诗是梦中的希腊)之间的紧密结合,然而在现代世界中,两个领域之间却存在裂痕。"现代人"不可能将他的梦与莎士比亚相提并论——现代性影响了人做梦的能力。尼采的观点是,人类学

---

1   与荷尔德林的自由体诗,庞德和其他现代诗人的形式,比如"意识流"自由写作技巧并无不同(参见**第 4 章,接受与影响**)。

48

本身也要经历发展的历史过程。我们知道观点和信仰是会变化的;但是在这里人类本质本身在某种程度上被理解成是具有*历史性的*。文化,不管从广义还是狭义来讲,都对人类有追溯效力。因此,尼采感兴趣的是我们可以称为的"人类历史"[1]的概念。这一段关于历史文化人类学的论述并不孤立。尼采在后期的作品中,尤其是在《道德的谱系》中,对此有更加详细的论述。

在第二个讨论中,通过与希腊梦境对比,尼采描写了古代非希腊传统的酒神节,随后又将其与希腊酒神节相比较。尽管尼采接着提出,日神和酒神是文化产物的一般性原则,希腊却有着特殊之处。希腊人拥有"难以置信的确切的能力,用造型的方式看待事物"(造型指的是对形式的创造或者控制),日神因此被雕琢得非常精致。日神的形象是如此卓越,以致于希腊人"看起来"好像不会受酒神的侵犯,好像后者来自于外部世界(来自东方,或许是由入侵的波斯军队带来的),却被制伏了一样(见**第 4 节**末尾)。"野蛮人"酒神的特点是"乱性",它是"性和残酷的组合,令人厌恶"(注意这里用类似达尔文的方式,指退化到猴子)。狭义上,这里的"野蛮人"指的就是非希腊人。然而,在书里,这个词用来指受到非艺术动力奴役的文化。简言之,野蛮就是缺乏美感。

然而,希腊酒神实际上并非主要来自国外,而是从希腊文化自身的"根源"而来。因此,日神不仅保护希腊人不受外来野蛮酒神的入侵,而且将其自身的酒神感觉戴上面纱,将其藏匿起来。希腊人自己内在的酒神感觉与日神平和地分享文化空间,与野蛮类型的酒神大不相同。希腊的酒神,在古代世界第一次"表达成艺术",

---

1 福柯将这个思想发展成哲学—历史学实践。参见 *The Order of Things, An Archaeology of the Human Sciences*, London: Routledge, 2002, or the essay 'The Subject and Power', in *Essential Works of Foucault* 1954-1984, vol.3, London: Penguin, 2000, pp. 326-48.

它也是愉悦和痛苦的奇怪组合,这是唯一与野蛮酒神相似的地方。日神的愉悦被埋没成普遍的痛苦(叔本华所谓的意志的痛苦);更重要的是,因不间断地创造和与自然结合而产生的同样原始的快乐,与在摩耶面纱后面"太一"肢解成个体的记忆,两者分量相同。尼采将后者称为"感伤"(这里指席勒的分类;我们将在**第 3 节**中全面讨论这个话题)。我们前面已经知道,愉悦和痛苦的结合也是尼采对叔本华的批评之一。

舞蹈,尤其是希腊酒神节上的音乐,使尼采为之着迷。他说,音乐第一次自立门户,且酒神的音乐精神渗透了所有其他的艺术形式。它的力量,表现为节奏、动力,尤其是和声(相比于日神音乐只有节奏特性),要"从根本上动摇我们"。在酒神的影响下,"所有的象征力量土崩瓦解"。因此,舞蹈象征着这个身体,"全部姿势",不再局限于嘴、面部和词语。这个新的酒神音乐启发了新的文学形式。注意尼采称他最后一部诗集为"酒神颂歌",且他认为理查德·瓦格纳是"歌颂酒神的戏剧家"[1]。舞蹈、音乐和文学的组合不是一种纯艺术形式,它是一个杂交体,我们后文会介绍它的重要性(比如**第 18 节**)。尼采认为,只有那些处在"自我放弃这一高度"的人,才能理解这个新的象征世界。因此,对于日神个体来说,酒神一定无法理解,且充满恐惧,他(这既是日神的本质特征也是真正恐怖的特征)甚至会认为,他所创建的平静美丽的形象世界的根基,就是酒神。

---

1   像《悲剧的诞生》一样,在第 7 节"瓦格纳在拜罗伊特"中,又建立了一个对比。*Untimely Meditations*, 1876, ed. Daniel Breazeale, trans. R. J. Hollingdale, Cambridge: Cambridge University Press, 1997,第四卷。埃斯库罗斯与瓦格纳, pp. 222-26, 颂神诗人与戏剧学家, p.223。

第 3 节

"谱系学"之起源:希腊"特性"中日神的心理生成。注:尼采,德
国的希腊主义与荷尔德林

这一节讲述的是日神的起源和意义。这一点非常重要,对《悲
剧的诞生》中的论断而言,它很重要。它重要,还因为"拆分"日神
"大厦"的过程是尼采在他的哲学生涯中惯用的方法论策略的一个
例子。这个方法就是谱系学。因此,举例说,十几年后,尼采写了
《道德的谱系》。总体来说,这个策略有五个部分。它试图展示
(1)看起来是根本的、直接的、简单的和"素朴的"(尼采这里指的
还是席勒,**第 4 段**)一些特征、概念或价值,(2)其实是个幻象,是不
同元素或其他衍生体的集合,(3)这个幻象由某种人类文化经过多
年必然的发展,用来(4)遮盖(甚至是他们自己)、补偿或保护他们
自己(5)免受完全不同的东西,尤其是拥有不同传统价值的东西的
侵扰。作为文化批评家,这个方法允许尼采冲击普遍价值的自信
和单纯。作为历史学家,尼采也可以用这个方法讲解重要历史事
件背后,人们之前没有注意到的文化暗流的本质和重要性。作为
哲学家,尼采用这个过程来展示他的基本概念(这里是动力的概
念)的解释性力量。另外,他认为,这样的谱系性解释不仅是哲学
工具,它本身也是一个重要的哲学结论:价值、信仰,甚至真理都起
源于历史和文化,并通过历史和文化获取合理性。这是日神文化
的简单谱系,后面,从**第 11 节**开始,有更加详细和深远的苏格拉底
文化和科学的谱系学。

这也帮我们解释了尼采对席勒的分类的困难性。素朴诗
("Naïve"poetry;或笼统地说,艺术)体现的是对自然的直接反应;
感伤诗是对之前(通常是迷失的)状态的反思。尼采称日神是"素

朴的",因为它向往美好,描绘自然和谐的状态。然而,同时他又注意到,要赢得这个状态必须得推翻"泰坦巨人"(titans)并战胜"深刻得令人害怕的世界观"。这本应是冲动,实际上却是一个衍生效果。上一节,尼采称酒神为"感伤",因为它哀叹自己过去(或未来)肢解成个体,哀叹酒神狂欢的终结。然而,与此同时,酒神也是与自然愉悦的"团圆"——并因此听起来是素朴的。因为文化产品总是产生于动力之间的斗争,对他们的谱系学阐释永远不会停留在直接或简单的反应上面。尼采本想借用席勒的概念,但是他的立场最终却削弱了这些概念。

52   在**第 1 段**,谱系学方法用来解释日神文化。这是希腊文化和奥林匹亚众神美丽、平静和快乐的一面,充满活力,也是十八、十九世纪常见的对古希腊的经典看法。尼采将其彻底颠覆了。尼采宣称他发现这个形象是一幅面具,它的全部形而上学意义就是隐藏和保护希腊人,不让他们了解普遍痛苦和个体化原则的消融。尼采的证据是迈达斯(Midas)和西勒诺斯(Silenus)的故事(**第 2 段**)——充耳不闻才对人类"最有利",而真实情况是,他们根本不存在的话,会更幸福。尼采认为"最有利"这个词组指的是面具的作用或价值。然而,作为额外的证据,背景中存在一个传统问题,即观众如何从观看悲剧之中得到快乐(这个问题尼采会反复提到)。因此,尼采列举了几个最残忍最恐怖的神话——普罗米修斯、俄狄浦斯、俄瑞斯忒斯——这些恰巧都是悲剧情节。

日神面具下面,众神的生活被描绘成人类生存的完美形象,这验证了生存,并给予了它价值。尼采说,这是"唯一一令人满意的神义论"(**第 4 段**)——即,唯一的证据证明生活和世界是美好的。这就是日神的象征功能:奥林匹亚众神使人类体验到生存的美好和愉悦价值,即使意识到相对于"太一"而言它的危险处境,存在的价值也不会削弱。这个幻象不是故意而为,也不是任何人能够选择的。相反,它是整个文化为了应对内在酒神观念而发展起来的。文化需要找到一个"可以生存"的方式。为了应对酒神观,日神文化得到发展,而它的发展是通过日神追求美的动力才产生的。或者,用叔本华的语言来解释:在希腊这个环境下,意志若要美化自己,"它的造物也必须要感到自己值得美化"。这个幻象是如此成功,以致在日神文化内部,西勒诺斯的智慧被翻转了,而且生活——任何生活——变得令人渴望。尽管如此,我们必须要牢记尼采说过的关于日神的第一件事:它知道它的梦境形象仅仅是形象而已。美好可能只是表象而不是存在本身,但是这已经足够了。因此,这里的谱系学方法仅仅发现了希腊人早就知道的事情(或至少感觉到了);当尼采用谱系学分析科学的时候,情况就不一样了。

注意,在这一节,尼采对照基督教(另一个宗教)假装进行了裁定。基督教徒在日神的欢欣人生中看不到任何恰当的禁欲主义、精神价值或道德价值;实际上基督教徒也能体验他眼中的完美世界,即生活是一种责任或惩罚,尼采在本节末尾如此暗示。下文还有对基督和基督教道德含蓄的批评(参见**第 13 节**)。尼采认为基督教禁欲的道德核心建立在耻辱感或自卑感之上,这也是尼采后期著作的主题之一。

注:尼采,德国的希腊主义与荷尔德林

尼采在其职业之初迷恋悲剧思想,对希腊文化有很高的热忱,但不久这股热忱就消失了,后来(参见,比如,**《自我批评的尝试》第** 6 **节**)希腊文化完全被文化中人类学、科学的层面所取代,成为其研究的主要现象。《悲剧的诞生》处在德国传统美学理论的末期,这个理论以希腊唯心主义为核心。在《偶像的黄昏》(1888)最后一节,在"我欠古人什么"这个标题下,尼采积极地采取了反希腊立场,他说,"没有人能从希腊人那里学到任何

东西——他们的行为方式太怪了"[1]。在这个阶段,他认为罗马
人才是模范,比如歌德。但即使是在《悲剧的诞生》中,我们也
可以感受到,尼采已经试图脱离温克尔曼,莱辛(Lessing)和席勒
的传统做法,他们视希腊为规范和理想。温克尔曼有一句常被
引用的关于希腊雕塑文化特性的格言,"尊贵的简洁与静穆的
壮美"(noble simplicity and quiet grandeur)[2],在他的启发下,主
流观点认为希腊文化表达的是"静谧"(serenity),静谧反过来也
被认为是"希腊特性"的核心民族特征。虽然不那么明显,《悲
剧的诞生》仍然建立在古代与现代的历史对比之上,这一对比
在 1750 年左右自温克尔曼以来,成为德国美学对现代性批判的
一个核心要素。(在某种程度上,这场辩论是从法国引入的。法
国"古今之争"(Querelle des Anciens et des Moderns)自从世纪之
初就一直在升温,开启了法国启蒙运动的新篇章。)从温克尔曼
开始(包括莱辛、席勒、歌德,甚至是黑格尔[他对古代历史的观
点比席勒更注重过程]),古典时代(Classical Antiquity),尤其是
希腊文化,被认为是生活的整体统一,而现代却支离破碎、毫无
认同感。用席勒二元对立的说法:古代是生活、文化和精神"素
朴"统一的历史时期,现代生活则是"感伤的"时代,二者形成鲜
明对比。现代性通过刻意和怀旧式的模仿、复兴或赶超希腊文
化,从而在生活中汲取希腊文化的养料。这一颇受青睐的说法,
一个多世纪以来,被德国思想界用来支撑并合法化其对现代性
的批判。

54

---

1   参见 Friedrich Nietzsche, *Twilight of the Idols*, trans. R. J. Hollingdale, London:
     Penguin, 1990, p.117.另外可以参考倒数第二段对模式和例子的区别。

2   参见 Johann Jacob Winckelmann, *Gedanken über die Nachahmung der griechischen Werke
     in der Malerei und Bildhauerkunst* (1755) ['Thoughts on the Imitation of Greek Works
     in Painting and Sculpture'].

颇具讽刺意味的是,尼采正是通过看似采纳德国希腊主义传统的做法,极大地削弱了希腊主义并最终致其灭亡。比如说,他赞成"静谧"这个古典思想,但目的是扩大其意义的深度,使它不再因为一个多世纪的反复滥用而被当作陈词滥调:《悲剧的诞生》里面的静谧,是一个心理学文化功能,与悲观主义,或者"科学乐观主义"相似,但不是完美存在的绝对状态。它是具有心理、历史及地理特征的动力之间不断竞争、变化过程中特定的、明显的产物。通过研究使静谧成为可能的历史和心理条件,《悲剧的诞生》赋予静谧独特的历史特性,且用科学手法将其去理想化。事实上,尼采是用谱系学方法看待静谧这个概念的。这就意味着,尼采认为静谧不是独特的现象,而是一个衍生的现象,这个衍生现象指向其背后的其他因素,这些因素具有他们各自独立的历史发展、形而上学承诺及价值。以这种方式,"静谧"代表过程中的一个过渡阶段,从文明产生之前的铁器时代人与自然的和谐统一(参见**第4节**),转变到现代欧洲社会的文明人,他们与自然分离、无法与自然充分互动,甚至无法理解自然。

尼采通过赋予悲剧之美以核心角色,早期尼采思想以希腊文化的必要性为主要特征,且方式也与传统古典主义概念有表面相似之处。但是,尼采即使在此时也没有对他后来戏谑地称之为"壮丽的希腊问题"特别感兴趣。(参见《**自我批评的尝试**》**第6节**)。他最感兴趣的是悲剧这种传承了古代血统的现代艺术形式(瓦格纳的乐剧)。这也肯定了我们一直以来的观点,即尼采所关心的,是现代文化的问题。

《悲剧的诞生》中也有传统的古今对比,尽管我们也可以看到尼采对削弱传统观点所做的努力。文本中仍然将希腊文化比

55

作反射现代性的镜子(镜子本身已经支离破碎);席勒在"素朴"和"感伤"之间所作的前意识/意识区分仍然完整(虽然尼采没有用它来做万能模板,而是作为灵活的分析工具)。但是重心已经——几乎令人毫无察觉,但却不可逆转地——转移到了希腊前意识文化的黑暗面,不再是素朴的整体和童真的玩耍:在尼采看来,比起雕塑(这个古典希腊主义批评最主要的艺术形式),悲剧是批评研究更复杂、更基础的话题。悲剧就是,当突然意识到自然的本质及人在自然中的位置,如何控制自己不变成疯子。

通过强调文化是稳定精神和避免发疯的形式,《悲剧的诞生》一书引发了文化理论的范式转移[1]。未来研究课题的方向确定为早期希腊文化和早期文化历史:从这时起,这些黑暗时期构成了文明进程理论的一部分,文明进程也因此被认为是多层次的、开放式的。做到这一点,代表尼采向谱系学批评方法迈出了重要的第一步。一个具有心理学特性的希腊谱系视角打开了,批评方法不再局限于僵硬的古今古典主义二分法。

尼采努力摆脱古典德国希腊主义的束缚,并在诗人及哲学家弗里德里希·荷尔德林那里找到了支持,他属于德国唯心主义时代,徘徊于魏玛古典主义作家圈的边缘。尼采在舒尔普福塔寄宿学校时期最喜欢荷尔德林,对他的作品及其个人情况非

---

[1] 尼采的朋友欧文·罗德(Erwin Rhode)对早期希腊文化有一个重要的研究,显示这个新的外表被黑暗面吸引。罗德也是与尼采一起抵制文献学界对《悲剧的诞生》一书攻击的战友。罗德的著作《心理:希腊人的灵魂崇拜及对不朽的坚信》(Psyche. Cult of Souls and Belief in Immortality in the Greeks, 1894),在很多方面强化了《悲剧的诞生》中对希腊文化原始历史的创新研究。这本书提供并解释了很多材料,比如,"对闪灵神的崇拜"、"希腊的酒神宗教"、"其与日神宗教的合并"等。第一个英译本是 London:Routledge and Kegan Paul, 1925, 重印于 London:Routledge, 2000。

常熟悉。跟尼采一样,荷尔德林保持着局外者的身份,尽管他与上述两个圈子都有很多交集:他是这一时期的艺术家和哲学家中最令人捉摸不定的人之一。实际上,尼采和荷尔德林的共同点是被孤立,被同僚误解(他们生命中很重要的特点),而且他们俩后来都患了精神疾病,且都没能康复。二人如此酷似,以致有人甚至提出,尼采的精神失常是否可以,从某种方式上讲,与荷尔德林的精神失常相比较,甚至,尼采是否在模仿他所尊敬的榜样[1]。荷尔德林尽管被同代孤立,仍带头努力调和一些矛盾,这些矛盾的源头是康德哲学令人无法接受的结论(对这方面有贡献的还有席勒、歌德、浪漫主义者和克莱斯特等人)。荷尔德林认为,解决的方法就是将艺术的地位提高,使它做本能和理性之间的协调者。他认为艺术是人与自然之间沟通成败与否的晴雨表,尼采后来发展了这一思想。

在同代当中,荷尔德林对希腊的看法是独特的。他"先于尼采几乎一个世纪,致力于反对柏拉图传统,重塑悲剧观点"[2]。二人都认为,悲剧体验有点像疯狂体验,可以穿透哲学推理、科学逻辑和文明表面的浮华掩饰,并开启一个充满神秘力量和疯颠的隐藏着的世界。荷尔德林在重新评估悲剧方面,超越了他的时代。他也是后温克尔曼时代第一个将希腊文化的成就放在人类学背景下(冲突的人类力量表现为地理文化现象)考量的人。荷尔德林第一次修正了"科学的"历史调查对希腊的理解,这就是他吸引尼采的地方。古典的、唯心主义的古代思想中古代与现代之间这个二元图示在荷尔德林的历史渐变思想中逐渐   57

---

1   参见 Silke-Maria Weineck, *The Abyss Above. Philosophy and Poetic Madness in Plato, Hölderlin, and Nietzsche*, New York: State University of New York Press, 2002, 里面有对这些问题的解答,尤其是第四、五页。

2   同上,第65页。

蒸发掉了。正如后来尼采在《悲剧的诞生》中的观点一样,荷尔德林对希腊人的看法建立在"文化平衡的脆弱性"这个思想基础之上,这个平衡很难建立,且容易坍塌:静谧被看成是痛苦挣扎的产物,其目的是监视有害的外来的酒神毒素。弗朗索瓦丝·达斯图尔(Françoise Dastur)认为荷尔德林是一个先锋,因为荷尔德林提出希腊文化是一个更广泛的地理文化力量的整体中的一个元素。他使希腊人有了重心:他们与危险的亚洲影响抗争,方式就是容纳并驯服他们,使其融入到本土文化之中。荷尔德林的方法是在大背景下把希腊文化解释成外来文化和本土文化冲突的结果。尼采在很大程度上追随了荷尔德林的观点,他试图将希腊文化嵌入到包括不同力量之间迁移、适应和同化的过程中(参见**第4节**)。这使希腊体验这个塑造欧洲文化历史的阶段的价值发生了改变。达斯图尔说,荷尔德林区分了作为模式和作为例子的希腊人。这个区分对《悲剧的诞生》尤为重要。模式是要被复制的东西;而例子则是一种类型的成就,它不能被复制,只能在特定的现在环境下被重复[1]。荷尔德林和尼采(这个阶段)都认为希腊是例子,因为他们"是我们自己的镜像,他们不代表过去的什么东西"[2]。

尼采在文化历史领域借鉴了荷尔德林的先锋思想,使荷尔德林零散的思想雏形(尤其是作为悲剧学家和诗人)固化成一个拥有理论原则和术语的方法论。我们也可以看到,尼采在试图取代康德哲学语言这方面也追随了荷尔德林的脚步,他认为

---

1   这个区分基于康德对典范性的分析,参见 *Critique of Judgement*, trans. Werner S. Pluhar, Indianapolis, IN: Hackett, 1987, 第46-9节。参见 Douglas Burnham, *An Introduction to Kant's* Critique of Judgement, Edinburgh: Edinburgh University Press, 2000, 第四章。

2   参见 Françoise Dastur, 'Hölderlin and the Orientalisation of Greece', Pli, The Warwick Journal of Philosophy, 10(2000), pp.156-73, 这里是 p.167.

康德哲学语言不足以适应后康德时代的哲学任务。他以一个新的象征性语言取而代之,这种象征性语言更适合抓住生活中那些只有通过直觉才能感受到的、难以捉摸的东西。尼采和荷尔德林都是诗人[1],但是荷尔德林的哲学文本中,诗的地位更加重要;而尼采的作品中,哲学分析(尽管带有隐喻转换和诗意色彩),在比例上超过了"纯"诗歌元素。

58

* * *

第4节

动力之间关系的必要性:他们"互相强化";动力的"伦理";希腊文化的五个阶段;"阿提卡悲剧"简介

　　这一节讲解日神和酒神之间的关系。尽管在日常想法中,我们认为梦是不真实的,相比于我们清醒的生活,它是次要的;但从真正的形而上学观点来看(通过酒神动力显现出来),这恰恰相反。我们清醒的生活只有在他们更像梦境时才有价值,才值得我们去生活;梦是日神艺术家最初模仿的形象。因此,日神和酒神的关系是绝对的相互需求,这一点在书的第一句话的"二元性"(duality)一词中就有所暗示。"真正存在的东西……为了不断地释放和救赎……需要拥有令人高度愉悦的外表",尼采在这里写道。它需要使自己具体化,并以一个与自身价值相匹配的形式出现。而且,相应的,"看哪! 日神离开酒神也无法生存"。

1　他们对吟诵式、自由体的颂神诗风格也有共同的喜好。除了诗歌,荷尔德林的作品还包括诗体悲剧(《恩培多克勒之死》[*The Death of Empedocles*]),书信体小说(《许佩里翁》[*Hyperion*]),以及译自希腊语和拉丁语的著作。通过翻译"外国"作品,他完整地翻译了两部伟大的希腊悲剧,索福克勒斯的《俄狄浦斯王》和《安提戈涅》,荷尔德林全面发掘了他自己的诗歌潜能,他认为翻译的过程也是理解希腊文化的关键一步。

这为何重要？我们这里仅阐述四个原因。首先，我们已经知道，尼采试图改写叔本华的虚弱的悲观主义，而这是一个非常重要的论断。第二，这意味着，如果两个动力中的任何一个从根本上被改变或被压制，那么另一个也将会改变。我们将会读到，这正是悲剧在经历简短的繁盛之后发生的情况。第三，我们已经知道，尼采对历史的兴趣在于著名历史事件背后的动力；现在我们看到，人类文化的本质（广义和狭义）及其历史发展都，而且必须，建立在对抗之上，建立在基本动力之间像跷跷板一样摇摆不定的冲突之上。这一思想赋予了尼采强大的理解历史变化（比如四个伟大的艺术阶段——加上悲剧则是五个——在**第 4 段**）的概念工具。然而，它

59 也是沉淀当下改变的有力武器。最后，尼采现在可以断言，悲剧的出现（需要两种动力的艺术形式）可能是个偶然，因为它确实发生在特定的时刻和地点，但不管怎样，它应该被看成两种动力的"顶峰和目标"，也是两个动力确实意愿的"顶峰和目标"。

第 1 段提到"太一"需要外表，我们所有清醒的生活都是（在个体化原则的影响之下）这样的外表。这就是说，我们梦中的生活（日神的原始领域）就是外表的外表，因此是对需求"更高的满足"。尼采再次借用了柏拉图分析的结构（在《理想国》中），但却对它进行了重新评估。艺术的确是复制品的复制，柏拉图认为这恰恰是它形而上学的危险之处。然而，对于尼采来说，在负面意义上这不仅仅是表象、是外表，而且是有变形能力的、魔幻的象征。尼采用了拉斐尔的《基督变容图》(*Transfiguration*)来解释。尼采的解读不那么令人信服，因为这幅图的力量来自下半部分几个人物突然受启发认出了变形后的基督；不管怎样，尼采使用绘画更重要的意义在于，他从非基督徒的角度解释了这幅标志性的基督形象。

注意尼采在**第 2 段**提到日神宽泛的伦理(ethics)维度。"伦理"是指我们自己为人处世的原则。在日神文化中，基本的伦理规则是"遵守个体的界限，希腊意义上的适度"。这与**第 3 段**形成对

比,酒神缺乏适度(缺乏适度的可能性),因此导致酒神精神过量。但是酒神也有一个伦理:尼采在第 1 节提到过,"普适和谐的真理",以及解放由法律和习俗带来的束缚和障碍。我们在**第 1 节**看到,有关酒神伦理的探讨可以联系到席勒的《欢乐颂》及其音乐版本——贝多芬《第九交响曲》。相应于两种文化模式,有两个对立的伦理系统:第一个系统基于人与人之间的不同,以及作为个体拥有的自主性和自我价值;第二个基于我们共有的本质,以及一切都是"统一整体"(all are one)的形而上学论断。在近代哲学中,也许尼采想用前一种伦理系统让读者联想到康德("遵守"一词即是线索),又或许尼采想到了几个关于个体权利的理论。然而,关于古代的详细引证,则是想让读者联想到柏拉图抑制激情的思想和亚里士多德"适度"或"节制"的思想。基于共性的伦理,尼采部分借鉴了叔本华:叔本华认为,对其他人施加暴力,实际上是对自己施加暴力——它是意志倔强的自我伤害[1]。尽管尼采出于一些原因不愿列出一些联系,但这个思想与当代实用主义(Utilitarianism;"谁拥有幸福"这个问题与实用主义相关)和马克思主义(基于社会团体共同利益的伦理)都有相似之处。这两个伦理立场显然都没有展开讨论;尼采并没有支持任何一个伦理,而是仅仅提供了一个宽泛的分类方法。

在**第 4 段**,尼采好像终于准备好了要提出这本书的正题:公元前六世纪末和公元前五世纪前几十年的雅典悲剧。而实际上,我们要等到**第 9 节**,尼采才会将主题全部展示出来。比起悲剧本身,尼采对导致雅典悲剧的发展的原因,以及这一过程的形而上学意义,更有兴致。阿提卡悲剧(Attic tragedy)被定位成"早期希腊历史"快结束时出现的"后来"的艺术范式。两个动力在艺术风格中的物质体现,对希腊文化的历史分期起指示的作用。(书的第二部

---

1 参见 Schopenhauer, *World of Will and Representation*, 2 volumes, trans. E. F. J. Payne, New York: Dover, 1969, vol. 1, p. 354.

分讲现代时期的时候用了相似的历史排序方式）。尼采展示了两个动力之间四次角逐,随后是第五个阶段——悲剧。

尼采认为,整个早期希腊历史的内在目的就是在这最后阶段涅槃并进入一个"神秘的联姻"。动力的目的论多少有股黑格尔主义的味道,但是尼采使我们看到,两个动力之间很可能无休止地往复;在本节末,在尼采提出了大历史分期中,这种往复运动发生了四次,两个动力才结合在一起且有所产出。很明显,这里没有依附于黑格尔三段式的辩证发展理论。另外,在简短的阿提卡悲剧时期之后,他们成功的"联姻"不但结束了,摆钟的摇摆也停止了——日神和酒神不再占据欧洲文化的核心舞台。如果瓦格纳靠得住,他们也许会有一次"重生"。换句话说,黑格尔的必然性元素和进程不再是尼采历史发展公式里的一部分。遵循进化模式的历史逻辑取代了黑格尔,其特点是飘忽不定的跳跃、重复、衍生和倒退事件("退化",因达尔文理论而产生的新的担忧)。"共同目标"不对进程有任何控制,比如领导其前进;相反,"共同目标"是对组合的动力最可能的隐性描述。

尼采在此又返回到**第 1 节**第一句介绍的文化和生物繁殖的类比。当我们读到繁殖的努力"被奖励……一个孩子"时,尼采鼓励我们留意动力是有性别的。这个孩子的名字,当然是叫悲剧,它父母的特点在它身上都有体现,它"既是安提戈涅也是卡桑德拉"。安提戈涅是索福克勒斯的戏剧女主角,她注定遭遇一场无法解决的冲突;卡桑德拉是埃斯库罗斯《阿伽门农》(*Agamemnon*;还有其他戏剧)里的角色,是特洛伊的预言家,但却总是遭到不被相信和被误解的命运。他们因此是典型的悲剧角色,是悲剧的正统血脉,但更重要的是,他们也已经成为了悲剧衰败的形象,**第 11 节**开始对此有所描述 [1]。

---

1   参见一个稍微不同的解读:M. S. Silk and J. P. Stern, *Nietzsche on Tragedy*,
    Cambridge:Cambridge University Press,1983,p.198.

第 5 节

*"第三类"象征的历史体现:阿尔齐洛科斯,"悲剧之父";抒情诗
中两个动力的融合*

第 5 节开始将日神和酒神组合起来,不再单独对待。尼采开
始抛出完全属于他自己的想法。尼采明确反驳叔本华对抒情诗的
看法(**第 4 段**),就是一个例子。**前 4 段**侧重在阿尔齐洛科斯身上,
他是希腊早期诗人,他的作品只保存下来一些片段,还有一些丰富   62
多采的传记故事。尼采认为这位诗人的作品代表一种新式诗歌,
其特点是主观抒情。这种新式诗歌的音乐特征,不论是其颂神语
言的音乐性还是可能被表演出来的音乐风格,对尼采来说也很重
要。这里尼采遇到了一个有趣的矛盾。他说,尽管阿尔齐洛科斯
的抒情反思将"我"这个主题投射到舞台中心,这种诗却比荷马史
诗(通常被归类为是客观的)更接近所有存在的"客观的"原始大
陆。这可能吗?

在唯心主义哲学里有一个常见的关于主观和客观艺术、诗人
和诗歌的分别。主观是指诗人创作诗歌的内容和灵感来自于他们
自身的感觉——尼采认为抒情诗人属于此类。客观是指诗人(比
如荷马)描写的是其他的人和地方(可以是真实的也可以是虚构
的)。对艺术创作单纯来源于主观元素的质疑,可以追溯到康德、
黑格尔和叔本华的审美无利害的基本原则[1]。尼采因此写道:"我
们对任一层次、任何种类的艺术的首要要求就是征服源于自我的

1　尼采因此区分了艺术的单纯情感作用和艺术能够深刻地影响我们的其他方式。
　　尼采后来攻击康德美学的冷漠,就是这个意思。讨论尼采如何采用康德和叔本
　　华的美学概念,并将其与他的基本动力概念结合,参见 Jill Marsden, *After
　　Nietzsche*, Basingstoke: Palgrave, 2002.

主观性、自我释放和自我救赎"。主观诗人看起来是矛盾的,至少是个拙劣的诗人 。尼采认为,在阿尔齐洛科斯这样的艺术家的作品里,"我"或者"主体",并不是阿尔齐洛科斯本人,也不是"任何实际存在的真人"——而是"世界的天才"。阿尔齐洛科斯诗中的主体已经变成了象征符号。基于上述已经讨论过的原因(**第 2 节**开头),尼采的兴趣并不在阿尔齐洛科斯本人,或他抒情诗里面主角的个性上面。就像尼采历史人物画廊中的其他肖像一样,阿尔齐洛科斯也是一个拟人概念,是文化动力新配置的代表。

阿尔齐洛科斯曾到达过酒神深渊,在那见过"太一",但他没有被摧毁,也没有将其隐藏起来,而是从这次令人震惊的经历中重现,并将其讲成故事,一个去探索象征性形象和语言表达源头的故事[1]。因此,阿尔齐洛科斯诗中的主观性有着浓厚的客观性特点。实际上,尼采认为,这两个分类作为文化和艺术批评分析已经不会再有任何成就了,因为他的著作显示,艺术家主体和艺术客体需要以不同的方式来理解,他们也不是对立的关系。艺术家的主观性是动力达到象征意义的方法,而客体则是动力最直接的实现。就像歌德在一首诗中写的那样,"让我发光直到我可以成为存在"[2]。

"与荷马相比",尼采说,"阿尔齐洛科斯直接用他愤恨的怒吼来恐吓我们"。他并不是一个遵循传统美学标准的艺术家。我们这里得到了所谓尼采的丑学的第一个暗示(**第 16、21 和 24 节**)。抒情艺术家的作品并不回避那些可鄙的、恐怖的和丑陋的东西。它包容万象。可以认为,荷马是出类拔萃的日神艺术家(一个"纯"日神象征),而在阿尔齐洛科斯的作品中,日神的意义在于它是酒

1　因此,很容易使人将他作为尼采的第一个超人。
2　Johann Wolfgang von Goethe, *Wilhelm Meisters Lehrjahre*, in Erich Trunz (ed.), *Goethes Werke* Hamburger Ausgabe, vol 7, Munich: Beck, 1965, p.515。这本小说最好的翻译仍然是 Thomas Carlyle, *Wilhelm Meister's Apprenticeship*, Edinburgh: Oliver and Boyd, 1824.

神的一个功能(第三类象征,参见我们在**第 2 节**的讨论)。

尼采对抒情诗人的阐释基于两个线索:第一,席勒的评论,**第 2 段**写了他诗歌的源头是"音乐情绪";第二,相传早期抒情诗人不仅是作家,同时还是音乐家。尼采随后分两个阶段描述了抒情诗人:第一,作为酒神艺术家"与'太一'融为一体,带着痛苦和矛盾"创造出一个"没有形象和概念"的音乐版本的整体;第二,在日神模式下,这个音乐生成了第二个反射,一个"象征性的梦境形象"。音乐是"太一"的直接表达方式(这是叔本华的思想,参见**第 16 节**)。日神的形象材料的来源是抒情诗人(主观情感的扭结),但这个材料只是象征性的(作为"太一"的表达),而不是表象性的(诗人的主观状态)。酒神真理得到了"感官表达",表达方式不再仅仅是单独的酒神或日神。因此,这样的抒情诗"毫无保留地展开,被称为悲剧和颂神戏剧"。抒情诗为何会存在,这个问题变成了"悲剧是怎么产生的"这一问题的初步答案。然而,在悲剧中,象征性形象的来源不一定恰好是诗人个体,它的来源更广泛,可以取材于神话。

尼采认为,有时艺术家可看见自己与世界融为一体。这不仅产出了诗歌的象征内容,也对解释艺术的本质有所贡献;艺术的本质只有这样才能被理解。否则,所有对艺术的哲学分析,甚至艺术家对艺术的理论和观察都只能"是根本虚无缥缈的幻觉"。"虚无缥缈"是因为只靠观察无法将主观形象理解为象征符号,而理论会误解"谁"是艺术家。这一评论非常重要,有两个原因。其一,作为哲学美学的一个论断——且是故意带有矛盾色彩或"童话"色彩的论断——艺术分析或对艺术任何形式的理解都注定失败,除非经过酒神(或酒神/日神)的巧手。尼采自认为是有天赋的业余作曲家,也是一个诗人,可以说他拥有特殊的洞察力。因此,这是更巧妙和更详细的要求,必须有美感才能进行艺术批评,我们在**第 1 节**已经探讨过。其二,因为"童话"诗人要同时且有必要成为表演者

64

和观众,这个时刻对尼采稍后全面解释悲剧非常重要。

尼采囊括阿尔齐洛科斯这个看似晦涩难懂的人物,且好似将其置于荷马(历代古典文献学者的英雄)之上,有四重意义。首先,通过阿尔齐洛科斯,尼采可以远离叔本华的意志-形而上学。通过提升抒情诗的地位,他得到了表象与存在之间整合关系的新模式;在抒情艺术家那里,存在在象征意义上与表象对应。由此引发第二点,抒情诗人是悲剧的历史范式,且以模式的方法解释这一现象。阿尔齐洛科斯可以被称为悲剧之父;这也是为什么尼采会将他放在这里,作为悲剧艺术体验的历史原始类型的原因。第三,对阿尔齐洛科斯的分析揭示了唯一可能的艺术分析或理论的基础——只有看到自己从融入"太一"的狂喜中回来、并从此理解了艺术的真正象征功能的艺术家,才有能力完全理解艺术。第 5 节以全书最深奥、最神秘的陈述结尾,第二部分的**第 24 节**又重新概括了这句话,即"只有作为美学现象,生存和世界才是永恒合理的"。第四,阿尔齐洛科斯的作品解释了尼采的艺术形而上学:它代表了动力在斗争中同时变得有创造性的时刻,此时,表象的发光才真正象征着存在,使洞见存在成为可能,并使所有的存在(生存和世界)变得合理。

第 6 节

民歌;语言和音乐的融合

第 6 节阐释第 5 节所提到的新材料,展示两种动力在一个新的艺术体裁之中象征性的合作。尼采对此十分重视,因为音乐和诗歌在这种体裁中结合在一起。阿尔齐洛科斯"将民歌引入到文学中"并因此受到赞扬。尼采想通过《悲剧的诞生》论证的很多话题之中,这算一个;这个混合艺术形式的起源,是悲剧诞生的历史条件之一。19 世纪的一个潮流就是收集传统音乐,尤其是人类学或民族主义主题的音乐(或两者兼而有之)。例如肖邦在其众多的玛祖卡舞曲和波洛奈兹舞曲中表达了他的波兰根源。尼采在**第 2 段**提到,在世纪之初,浪漫主义小说家阿希姆·冯·阿尼姆(Achim Von Arnim)收集了重要的民歌选集《少年魔号》(*Des Knaben Wunderhorn*);舒伯特和舒曼的奥地利/德国艺术歌曲(Kunstlied)建基于想象中的民歌根基,通过巧妙的简化来模仿民歌;尼采自己的很多作曲作品也都属于这一体裁[1]。不管怎样,在德国背景下,尤其是在 19 世纪下半叶,在国家认同危机的时刻,大家都在努力寻找民歌中的民族根源。尼采在此又一次借鉴了赫尔德的思想,他在 18 世纪末对文化人类学进行研究,并开创了这一领域。尼采还可以引用——除了一些比较近的例子(比如李斯特)——海顿,尤其是贝多芬在音乐民族志领域的开拓性作品[2]。在这些发展的启示下,尼采在民歌中看到原始酒神/日神双重动力的痕迹,也是抒情诗背后的动力。

66

尼采在后面会解释原因,在希腊悲剧时代之后,这样的艺术和相关的实践要么消亡了,要么需要"转入地下",变成边缘形式。民歌可能是三种"地下"艺术形式中的一种——远离主流,它的本质藏得很深,甚至连表演者都不能理解。从**第 2 段**开始,尼采重复了上一节关于抒情诗的观点:它起源于音乐,具体说来,诗的文本是旋律的客体化。("objectification",客体化是叔本华的术语,形容根本意志显现的方式:即它如何在个体化的某种层次上体现自己,从广泛的事物类型[如物质,或植物种类]到个人。)当听众迫不及待

---

1 詹兹编辑的 74 部作曲作品中,有 14 首是歌曲。参见 Friedrich Nietzsche, *Der Musikalische Nachlass*, Curt Paul Janz(ed.), Basel: Bärenreiter, 1976。作曲列表见 Janz, Zugänge, pp.19-20.

2 在 1810 年到 1820 年间,贝多芬改写了 200 多首爱尔兰、苏格兰、威尔士、英格兰及其他民歌。

想用具体的形象形容音乐段落的时候,也会发生相似的客体化。不仅当代批评家会这样做,尼采颇具争议的观点认为,贝多芬在《田园交响曲》中有这样做的痕迹。如果认为音乐仅仅是对乡村景色的模仿,则无法正确反映音乐象征意义的深度。事情应该正好相反:音乐先发声,形象最多是那音乐背后酒神真理的象征性表达。这也是尼采在讨论这一点时有一丝怀疑语气的原因。也许,《田园交响曲》是尼采最不喜欢的贝多芬交响曲之一,尼采好像在指责它是叔本华所鄙夷的"模仿音乐"(第 16 节);尼采本人用了"音画"一词(第 17 和 19 节)形容受概念或形象过度影响的音乐。

67 这一论断的另一面是《悲剧的诞生》例证了一种艺术形式——悲剧——它结合了纯音乐及其诗意的客体化。音乐可以自说自话,独立存在。但是,像叔本华一样,我们会在第 16 节看到,比起无标题音乐本身,尼采对诗歌或戏剧里音乐客体化的形式更感兴趣。我们目前已经知道,尼采对瓦格纳的乐剧兴味盎然,对交响乐 1 却兴致不高,他认为交响乐是"纯"音乐的一个相对枯竭的古典形式。我们前面讲过,贝多芬《第九交响曲》捕获了尼采的注意力,恰恰是因为它是一部杂合音乐。这本书的关键目的之一就是分析音乐—诗歌混合这一观点,原来的书名说得非常清楚。"旋律萌生出诗歌,并以全新的方式周而复始"。"颂神诗"——悲剧主要的诗歌元素——是《悲剧的诞生》首推的音乐客体化成文学的例子。

这一节结尾放弃了语言可以使音乐的"内在"意义外显这一论断。尼采坚持认为,音乐的重要性大于诗歌,正如酒神是日神象征性梦境形象的基础一样。抒情诗的语言"完全依赖于音乐精神";尼采认为,诗歌语言遇见音乐就紧绷到了极限。语言达到象征意义的成就,就是这紧绷的结果,我们会在第 8 节更详细地讲解这个

---

1   尼采热爱贝多芬《第七交响曲》,一部分原因是瓦格纳对其赞赏有加。

话题。这个象征化不是外表化;用尼采喜欢用的隐喻来说,是从内部发出的光(**第 24 节**)。在悲剧中,后面会讲得更清楚,音乐和语言的关系与在抒情诗中不同:在悲剧中,音乐和语言都更加独立,且他们通过给予对方最大可能性而解放彼此(见**第 21 节**)。

值得注意的是,尼采的写作中有大量关于能量(尤其是电)的隐喻,在**第 4 段**尤其明显。我们已经遇见过一些比喻,比如"强化"(intensification),"放电"(discharge)——这里我们看到"火花"(sparks)和"完全外来的能量"(energy utterly alien)。尼采自家图书馆里收藏着大量这方面的教科书,往往标有很多旁注[1],这说明,他对当代科学涉猎相当广泛。极性、物体之间的物理(或精神)吸引或排斥,这些概念是从电磁学衍生出来的,这些都被 19 世纪欧洲艺术创作或非小说类作品频繁地用作隐喻。想想"歌特式"小说《科学怪人》(*Frankenstein*),其中电学理论(电疗法)就是整个情节的重要元素。因此,使用新的科学发现作隐喻来阐释哲学观点,尼采并不是唯一一个。然而,我们可以观察到,《悲剧的诞生》痴迷于科学界近期的思想模型,远远超出了只是偶尔借用几个术语的程度。双极性原则就被尼采当作工具,用来组织有关发展过程的观

68

1　例如,弗里德里希·朗格(Friedrich Lange)的《唯物主义史》(*Geschichte des Materialismus*)和鲁道夫·魏尔啸(Rudolf Virchow)的《细胞病理学》(*Die Cellularpathologie*, 1858)解释了生物有机理论。尼采的个人文献图书馆收藏了魏玛的安娜-阿玛丽亚公爵夫人图书馆(参见**第 1 章**,p.7,**脚注** 3),另见"尼采的图书馆",尼采区。

点。这体现在各种不同的对立力量的活动之中[1]。颇具争议的是，电磁场的类比形成了《悲剧的诞生》艺术写作风格的基础。如同电磁场一样，这本书没有直接集中讨论它的主题，而是围绕着该主题转，反复地对动力的配置和背景进行试验，观察他们在"环境"里的变化。

第7节

合唱团是悲剧的历史核心；尼采对黑格尔的批评

尼采在这一节转向了悲剧的核心元素之一——合唱团。尼采断言，悲剧萌生于合唱团，这是一个历史事实。我们之前了解的合唱团是戏剧的一种相对次要的特征，比如，城市的一群市民评论主角的表演。另外，我们所熟知的合唱团出现在舞台上，面对观众。所有这些特征（个人演员出演主要角色，有观众等）都是后来对合唱团的原始核心的添加。因此，尼采可以忽略下面两个论断：(1)合唱团代表民主天性和希腊社会的智慧；(2)合唱团是理想的观众，他们对某件事情的反应方式符合真正观众的做法（奥古斯特·威廉·施莱格尔）。尼采认为，观众（不像合唱团里的角色）知道现实与舞台虚构的区别，因此不会冲上舞台去解救普罗米修斯，这一事实说明第二个论断的荒诞。

1　对于叔本华来说，"外扩的强度"（分布在时间和空间上的数量）只能在表象上实现。然而，"内包的强度"——温度、电流强度等——取决于表象之科学的解释能力的极限，且已经超越自己，指向"太一"。类似的区别可以用于"量"和"质"。相应地，尼采认为旋律和声优于韵律和格律。前者可以被认为是质而不是量；或者，如果他们被认为是量，他们也是内包的，而不是外扩的。因此，他们不会被限制于表象层面，而是可以承载酒神象征的重量。相关的讨论可见叔本华的《作为意志和表象的世界》，第17ff节，这里讨论了"自然力量"，随后又讨论了"意志的情感"概念。

尼采这里得到了席勒的更多支持（从**第 4 段**往后）：在席勒的
帮助下，尼采可以断言，合唱团是一堵活生生的墙，可以保护悲剧
空间不受"自然主义"的侵犯。尼采这里提到 19 世纪和 20 世纪早
期流行的要求，即人物、动作、场景等不仅要"可信"，而且要看似未
经修改直接取自现实。埃米尔·左拉（Emile Zola）在他的小说《红
杏出墙》（*Thérèse Raquin*，1862）的前言中，提出了自然主义宣言[1]。
与自然主义相应的运动——一种夸张的现实主义——奉行的（所
谓的）科学原则是社会环境或生物因素（贫穷和疾病）主导道德和
个人选择。与自然主义开战的思想吸引了尼采，尼采的**前言**里描
绘的关于"战争"的形象也可以提醒我们这一点。附带说一句，我
们需要注意，尼采倾向于反感任何"流行"的观点。流行文化是系
统化的形式和趋势，他们好像通常能够明确地代表其潜在的疾病。
尼采之后的著作被收录在《不合时宜的沉思》中；其中第一个沉思
就是针对"流行"文化的。（反对可能并不是真心的，因为瓦格纳、
叔本华和达尔文都是流行风向标。但这里我们暂不讨论。）反对流
行不仅仅是顽固不化：理解一种文化和它的形而上学基础本来就
不是一件容易的事。比如，我们在**第 5 节**提到，哲学家无法理解艺
术的本质，能理解艺术本质的艺术家也寥寥无几。"哲学家和艺术
家的领域存在于当代历史的动荡之上，需求之外［…］但是他们被
远远地甩在了时间的前面，因为他们要获得同代人的注意需要很

1　自然主义有一个科学的、分析的维度，使其超越"现实"模仿的层面：参见 *Thérèse
　　Raquin*，London：Penguin，1962，pp.22-23，左拉的前言（1868），"在《红杏出墙》里
　　面，我选择的人物都是完全受他们的神经和血液控制的，他们没有自由意愿，生
　　活中的全部行为都是由物理世界的必然法则决定。我只有一个愿望：用一个性
　　欲超强的男人和一个未被满足的女人，来发现他们各自动物的一面，先是对其
　　各自观察，然后将他们一起放在一场暴力的戏剧之中，并仔仔细细地记录下这
　　两个生物之间的情感和行为。我只是将外科医生对待尸体的分析方法，用在了
　　两个活的身体之上"。

漫长的时间"[1]。在其职业生涯中,尼采坚持己见,一直在研究"未来人"才能懂,甚至只有几个人才能懂的哲学。

让我们回到悲剧起源的问题上来。希腊合唱团抵御自然主义的方式,是他们虚构了一些造物(萨迪尔),并生活在由它们构成的"平台"上。然而,这个虚构并不是"单纯的任性行为",它是一个"对希腊人来说,与奥林匹斯及其居民一样真实可信的"世界。这有点类似于尼采前面提到的"中间世界":不是我们日常的、经验的世界,也不是完全幻想的世界,因为中间世界拥有受宗教和神话认可的根基。尼采这里可能是通过亚里士多德的《诗学》间接评价柏拉图。柏拉图曾说,艺术的模仿本质使其存在形而上学及道德的可疑之处,因为它使我们远离完美真理。亚里士多德的回应是重新思考了"模仿"(mimesis[希腊语],也可见**第 2 节**关于亚里士多德和艺术模仿自然的讨论)的本质。"模仿"不再形成(多少有些缺陷的)现实的副本,而是构建成情节、角色和语言[2]。因此,在某种程度上,对于亚里士多德,被模仿的东西必须是模仿行为的产物。另外,这一虚构(萨迪尔)并没有与真理或真知不相容或相反。基于这几点,加上"中间世界"的概念,尼采显然与亚里士多德的观点比较接近。但是,一个关键的区别就是,尼采是从合唱团的角度,即从内部讲故事;而亚里士多德是从戏剧诗人或观众的角度讲述故事。

酒神合唱团的第一个效果,就是它"制造了令人无法抗拒的整体感",表明"人与人之间的所有分隔"都是幻觉。尼采这里用的词是"aufheben"(取消;保持),我们下面会返回来讨论这个词的重要

1   *Unpublished Writings*,1999,p.7。
2   Aristotle, *Poetics*, trans. Richard Janko, Indianapolis, IN: Hackett, 1987. See also part 1 of Paul Ricoeur, *Time and Narrative*, vol.1, trans. Kathleen McLaughlin and David Pellauer, Chicago, IL: University of Chicago Press, 1984.

性。但是萨迪尔合唱团这个中间世界却是一个"形而上学式慰藉"。虽然表象从不停止变化,但合唱团却被置于日常现实之上,是酒神洞察"太一"的象征,它使我们感到"生命崇高、愉悦、不可摧毁"从而达到安慰我们的作用。这个安慰非常必要,因为酒神的状态是"昏睡的"(lethargic)——尼采故意使用了希腊语词根"Lethe"的意思,即健忘或遗忘的河流——从酒神状态返回却是非常痛苦的体验。这痛苦不仅源于他之前所谓的个体从整体中分离,而且来自于感觉到表象世界遭到令人恐惧且毫无意义的破坏(事物出现又消失),还来自于意识到世界上任何信仰和行动都是徒劳,因为信仰和行动都无法改变背后的现实。(尼采这里用哈姆雷特来解释这种痛苦,尼采对哈姆雷特的解读很精妙,且颇具信服力。)尼采说,"这里有一个像佛教那样渴望否定意志的危险",这句话也指向叔本华。但是"艺术会拯救,而且生活也会通过艺术(为自己)拯救他(也拯救自己)"。这就是说,萨迪尔合唱团——它本身不是文化直接的产物,而是一个活生生的艺术动力——这个"中间世界"的表征,起到了治愈或安慰这一恐怖洞见的作用。这就是它的功能;这就是为什么生命("太一"及其朝向实现的基本趋势)需要合唱团才能存在的原因。对形而上学式慰藉的这一解释,使我们更进一步接近尼采对悲剧的全面理解,下一节会讲这个内容。

　　我们回到**第 6 段**及术语"aufheben"(取消;保持)。我们在**第 1 节**讲到二元性的时候简单介绍过"aufheben"。通常它都被简单地翻译成"扬弃"(to sublate,否定),但是翻译的时候却出现了一些问题,译者常用两个字来代替半句话(比如剑桥版《悲剧的诞生》)。难点在于,这个概念源于黑格尔的一个特别重要却又非常复杂的概念。(尽管尼采绕过黑尔格直接引用瓦格纳,好像黑尔格不存在一样。)两个相互否定的概念之间存在的逻辑冲突在二者的结合中被克服了,黑格尔用这个术语指代这种解决矛盾冲突的方式。在

71

扬弃的过程中,对抗的个体元素被抵消了,但同时也被保存和提高了。"保存和提高"是因为新的结合体承载着真实的、重要的东西向前进,冲突消失了,而这冲突被证明是因视角不够高而产生的幻觉。"取消"是因为冲突和部分由冲突定义的两个独立的个体元素,被抵消或撤销。结合体自身可以称为新的对抗分割的一部分。因此,黑格尔的扬弃指的是通过提高或超越来废除并克服(矛盾冲突)。但是,我们看到,从本书的第一句话开始,尼采就有意疏远黑格尔对意识状态、信仰或文化形式的发展所进行的逻辑阐释。因此,为何还要用这个明显的黑格尔词汇呢?正如尼采(跟随亚里士多德和席勒)在这彻底推翻了柏拉图的模仿概念一样,黑格尔和扬弃也将遭到同样的命运(跟随叔本华和瓦格纳)。

文明是酒神音乐里的扬弃——我们也可以说超越("就像灯光在阳光下会相形失色一样"),就像由萨迪尔合唱团促成的象征超越了希腊人个体一样。我们原本隐约察觉的东西,突然将我们吞噬了。瓦格纳使用黑格尔的术语是故意挑衅,尼采也是。与黑格尔的分歧最明显的一点就是,扬弃只是故事的一半(甚至更少)——人从狂喜状态回来的时候还必须"去扬弃"(de-sublation)(尼采在本节**倒数第 2 段**讲述了这个观点)。这种往复运动,在任何一部悲剧里面都可找到,也是尼采对黑格尔总体批评的另一个线索。此时(仍处于书的开头阶段)的关键是,日神和酒神是"永恒的"动力(藏于无尽的结合、变化之中),这两个动力,在某种程度上,是任何文化的一部分(尽管,如我们所知,还会有其他动力)。这里扬弃是指动力的实现及其对人类和文化的影响;它指的不是动力之间的调和或抵消。另外,早期和晚期的实现会有重合的地方,没有明确的发展阶段的界限(参见**第 4 节**的讨论)。比如说,合唱团在新的现象及悲剧的后期发展中仍然存在,它没有消失。构成阿提卡悲剧的其他成分都像蔓藤一样围绕着合唱团这个核心成长。合唱团正是以这种方式异军突起,变成了悲剧最古老也最核心的元素。可以认为悲剧是其他成分的必要残留,但它却没有与其他成分结合。这一观点阐述的是尼采美学的反古典主义本质,尼采没有把艺术作品认为是各个细节融合成整体的独特文物。在尼采看来,艺术就像历史的多重抄本。他们随着时间层层堆积,也可以被剥离下来,被孤立,并在以后的考古操作中重新被解读。因此,这里是在为阿多诺的"否定辩证法"[1] 做铺垫,正如黑格尔所说,在这个新方法里,真实已经不再是全部,真实就是虚假,因为在新方法里,这跟黑格尔的扬弃一样,个体特征完全匹配,在整体中相互抵消掉了。因此,可以用尼采在这第一本著作中提出的原则认定,艺术、历史和文化发展的核心元素是"永恒的"差异而不是整体:这是从黑格尔批评中衍生出来的新的哲学逻辑原则。

第 8 节

73

合唱团是悲剧最早的细胞;现代诗歌和语言理论。注:尼采的语言哲学

　　这一节继续探讨悲剧最古老的元素——合唱团。我们在这一节也可以看到关于谱系学的内容,尼采后来将其发展成对文化进行批判性历史分析的成熟方法(参见**第 3 节**讨论)。出于分析的目的,谱系学方法人为地将所谓的"文化方面"分开来。通过追溯各个要素的不同起源——这里"起源"指动力以特定的历史方式实现自己——它对当下的状态也有启发。这就是合唱团的做法:**第 7节**展示了合唱团作为原始雏形如何存活并变成更"现代"的混合元

1　参见 Theodor Wiesengrund-Adorno,' World Spirit and Natural History, An Excursion to Hegel ', *Negative Dialectics*, London: Continuum, 1973, pp.300-360.

素的一部分,后来又如何形成了阿提卡悲剧。这一节向我们介绍合唱团的起源。结果发现,合唱团是所有悲剧的胚胎细胞。尼采将我们带回到"它发展的原始状态",即他所谓的"原始悲剧"中(**第 2 段**)。我们了解到,它最初实现了一个特定的心理学功能,即在可追溯的历史的早期阶段充当"酒神人的自我镜像"。行文到一半,在一个反常的短小段落(**第 5 段**)中,尼采将所有碎片重新组合在一起,对于如何评价合唱团(作为现代希腊悲剧的原始元素)的价值这一问题,开始陈述他的答案。

这一节围绕着三个对比展开:现代和希腊;文化和自然;表象和物自体。尼采在这里也允许自己对诗歌矛盾的处境进行批评。诗歌被夹在文化和自然两个领域中间,两者都有不同的要求。因此,**第 1 段**,对比了现代的牧羊人(参见**第 16 节**)——自 16 世纪开始,牧羊人成了一个常见的诗歌或戏剧人物,他怀念古代田园式的生活,向往乡村,后来甚至向往前工业时代的田园牧歌——和希腊的萨迪尔。现代文化在对比中明显逊色,肤浅、虚假,一如(后面尼采谈到的)现代戏剧中合唱团的作用一样(**第 7 段**),**第 3 段**尤为尖酸刻薄地攻击了现代诗人和诗歌。尼采认为这一现代对比是"自然的真实和文化的谎言",后者我们可以联系到对"假象"的讨论(参见**第 1 节**和**第 13 节**)。萨迪尔是"自然的,没有被知识动过的",是人的原始形象(Urbild)。这里的原始(ur)与别处一样,指的不是年代意义上的原始(因此,在引用达尔文的时候,原始形象不是"猴子")。相反,它是指物体最基本的本质,或毫无掩饰的真实。在萨迪尔的象征意义中,"真实本质"和"虚假文化"之间的现代裂痕还没有出现,且离其出现的历史地平线还远得很。相反,"萨迪尔合唱团的象征本身就是一个形而上学表达,代表物自体和现象之间的原始关系",但这个关系消失了。因此,在前意识转移行为中,这个古代例子可以完美代表现代诗歌的改革和振兴。

74

第 2 段回到施莱格尔关于合唱团是理想观众的想法,前一节反对合唱团是体现在舞台上的民主,不过这里支持它的"更深层的意义"。当合唱团演员变身为萨迪尔时,合唱团的视角转移到了"观众"身上。"观众"一词并不恰当,尼采认为,因为希腊剧场的特殊设置并没有真正隔离观众和演员。因此,得益于建筑的特殊性以及合唱团在乐团中的特殊位置,合唱团在表演和观众之间调解,其狂喜的视角改变了演员。它随后带着感染力穿梭于观众之中,这些观众至少从建筑的角度来讲已经是合唱团的一部分了。因此,"酒神人的自我镜像"诞生了。

注:尼采的语言哲学

下一段偏离正题,讲到了隐喻理论以及诗歌语言理论。我们趁着这个机会简单地解读一下尼采早期对语言及其与意志运动的关系的理解。这个解读建立在几个文本之上,其中三个尤为重要。第一,自然是《悲剧的诞生》中零散的讨论;第二,为《酒神的世界观》(The Dionysiac World-View)准备的笔记;最后,从 1873 年《无关道德意义的真理与谎言》(On Truth and Lies in an Extra-Moral Sense)中截取的一个著名片段。这些在剑桥版里面都有收录。只有第一个文本是尼采授权发表的作品,其他两个都是草稿,或中途放弃的课题。因此,我们在讨论他们的重要性的时候要格外小心,因为他们可能仅仅只是尼采试验性的课题而已[1]。

75

---

1 这个方法论的问题不光尼采自己遇到过,但是至今很少有作家留下如此多未发表的作品。鉴于尼采对作家意图这个传统概念的批评,我们也可以授予这些笔记同样的地位;类似地,基于尼采跟读者玩捉迷藏游戏,这些笔记或许更直接,且没那么多限制条件。把这样的观点放在一边,很多尼采研究者都赞同的原则就是,在尼采发表的作品中可以找到的思想(至少是简略的描写),且笔记中有对这一思想的阐述和解释,只有这时才利用未发表的材料。参见 Daniel Breazeale(ed.and trans.),*Philosophy and Truth:Selections from Nietzsche's Notebooks of the Early 1870's*,Amherst,MA:Humanity Books,1979.

这一节,尼采把对讨论隐喻和痛斥现代诗歌结合起来。我们这些复杂、思维抽象、毫无才华的现代人已经失去了鉴赏"原始美学现象"的能力,即使我们看到了,也无法辨认。《悲剧的诞生》的目的,其中两个就是构建象征理论,以及"审"美意味着什么的理论。尼采写道:"对于诗人来说,隐喻不是修辞方式,而是替代了其他东西的形象,是他真的可以在眼前见到,能够替代概念的东西"。隐喻本质上既不是语言现象(一种修辞格)也不是思想(概念的替代物)。我们在这里认为它是一种象征。隐喻将语言行为提高到象征符号的水平,这个象征"可以呈现出来"(他真的可以在眼前见到)。重要的是,尼采这里所讲的既是日神的(他提到荷马)和酒神的,也是悲剧的(下一段转向悲剧合唱团)诗学效果。因此,所有三种类型的象征(参见**第2节**)在这一节都有讨论。诗歌能够克服(至少以这种方式,在这个程度上)语言的限制。语言的目的仅仅是表达本来已经是抽象——即,已经**死了**的东西,因为我们不能忽略这一段里反复使用的字"活着的"(live)和它的同根词。可以肯定的是,诗歌本身并不是音乐,但在音乐的帮助下,在"紧绷"的状态下(参见**第6节**)它可以获得象征意义。

尼采对语言和认知进行解释的主旨是他(这只是表面上看起来自相矛盾)意识到,系统哲学的理性、数学以及形式逻辑的推理带领我们**远离**事物的本质,而不是走向它。在现代西方哲学这个伟大的理性系统里面,语言(和概念)表达正在僵化,以至思想和方法已经脱离了生命的动力——而在"普通的"生命里面,也出现了类似的情况(所以才有关于现代诗人和现代梦境的观察)。现代思想系统与前苏格拉底时代的智慧、与最初启发了早期希腊文化"颂神戏剧"的东西毫无相似之处。在《无关道德意义的真理与谎言》中,尼采设想了人类表达形式的等级体系,分级的依据就是他们与身体的直接感官刺激的距离(意志朝着满足或实现运动)。这个等级从先于语言的"神经刺激"上升到直接隐喻(形象),隐喻与认知有着重要联系,部分原因是因为我们知道他们是隐喻;然后上升到"实证"科学和"系统"固化的、抽象的哲学语言。每一个阶段都是意志更高级别的客体化(叔本华式的语言),但同时也失去了与身体、自然和生存的联系。每个阶段也是表象的"创造性"或"艺术"成就。这些阶段可以大致与日神、酒神和苏格拉底相匹配。最高级的文明形式与真实表达离得最远——尼采发现,毫不意外,真实表达只有在音乐中保存了下来。《酒神的世界观》第 4 节有类似的解释,不过那是用更正统的叔本华式的语言写的(意志和感觉)。音乐级别最低,诗歌排在音乐之后,属于主观获取意志运动过程的较早阶段,然后是"自由"诗歌表达,最后是有关哲学表达的僵化语言。在诗歌中,隐喻或象征符号与感觉相连,使敏感的身体产生生理变化,这是对原始隐喻的反应。

在后期的文化产物中,外部世界变成了毫无色彩的影子,语言里面的"隐喻因频繁地使用而失去了所有的感官活力,像硬币失去了印章,现在只能被当做金属而不是硬币"(p.146)[1]。在现代科学时代,我们不再拥有生存于感官认知水平的能力。相反,我们依附于

> 为了生存,社会强加于我们必须要真实的义务,即使用惯用隐喻的义务,或用道德术语来讲,撒谎也要依据固有传统的义务。(p.146)

---

1 参见 Derrida's 'White Mythology'.

尼采在《无关道德意义的真理与谎言》中承认，人类本性就是要将感官印象转化成隐喻，再将隐喻转化成给予世界秩序的抽象语法。正是这样的抽象使一些事情成为可能，而"感官印象永远无法取得同样的成就，即在等级和级别的基础上建立金字塔型秩序，创建一个拥有法律、权限、从属、边界定义的新世界"(p.146)。而当我们的抽象变成生活的替代或否定的时候，问题就来了——正如苏格拉底文化中科学"乐观主义"一样。我们的系统变成了一种如此人造、同时又如此强大的东西，它们不仅阻止，更否认通过感官认知体验世界的可能性和价值。"被那清凉的呼吸掠过"，我们忘记了

> 概念，也像骰子一样骨感，它有八个顶点，能到处滚动，但它只是隐喻的残留；(我们也忘记了)神经刺激变成形象这一艺术转化过程制造的幻觉，如果不是任一概念的母亲，至少也是其祖母。(p.147)

尼采认为，现代诗歌完全运行在语言和概念的层面上，失去了将语言转化成象征形象的能力，因此，诗人和读者都"被一群精神包围着"。我们不是日神诗人，我们无法像荷马一样"生动"；酒神的情况也是一样毫无希望。与"原始艺术现象"(比如悲剧合唱团)相通的能力已不复存在。合唱团以投射视角的方式，在视自己"被精神包围"的情况下，生成诗人的"艺术天赋"。真正的诗人会感到自己被图像所包围，他不是通过概念去思考他们，而是通过隐喻或象征符号与他们对视。酒神合唱团在这个意义上是诗性的，与日神诗歌相似。然而，合唱团成员不光思考外部形象，他自己也转变成了合唱团本身。随着希腊悲剧现象的历史发展，这一观点被逐渐强化了，舞台上出现越来越多的

78

戴面具的演员——他们处于合唱团后方，好像是合唱团的视角——他们描绘"表演行为"。

*   *   *

回到《悲剧的诞生》**第 8 节**，**第 4 段**详细讲解了合唱团配乐演讲的特定诗歌形式——"颂神戏剧"。不同于荷马时期的游吟诗人，颂神戏剧家直接进入到他所代表的形象世界里，"好像他真的进入了另一个人的身体里面"。而游吟诗人并不与他所代表的形象合二为一，而是保持在形象之外。这就解释了颂神表演的沉醉效应："这个现象像瘟疫一样流传开来，整个人群都觉得自己被神奇地转变成了这样"。因此，在这种酒神狂喜状态下，一个无意识，或前意识状态的演员群体被创造出来了。《悲剧的诞生》中这一段直接被安东尼·阿尔托引用到他的《残酷戏剧》[1]（*Theatre of Cruelty*）中。这是关于现代戏剧的一个非常重要的文本，阿尔托希望在现代舞台上恢复演员和观众的前意识狂喜状态。

第 5 段将我们带回来，让我们从两个艺术动力同时存在的意义上思考早期希腊戏剧。希腊悲剧将酒神"魅惑"原则和日神"远见"或"顿悟"原则结合在一起，在萨迪尔这个神秘的"中间世界"来回转换。这为**第 6 段**的讨论做了铺垫，戏剧舞台活动是一个隐喻，是酒神经历的日神象征。尼采这里回到了两个动力之间特殊的亲切的合作，以及包含两个动力的第三类象征。**最后两个段落**带我们回到悲剧一词的狭义意义上。原始-戏剧将自己表现为萨迪尔合唱团（描述酒神所遭遇的痛苦）的视界，而后来进化了的悲剧增添了另外一层艺术目的，或许是意识：它成了原始视界的"表现"

79

---

1   参见 Antonin Artaud, 'Theatre and the Plague', in *The Theatre and its Double*, London: Calder, 1970, pp.18-19。阿尔托也学会了这段关于疾病和瘟疫的隐喻。

（Darstellung；representation）[1]。"悲剧英雄"出场了。现在这个个体代表的命运象征着酒神遭受的痛苦。

合唱团是极其重要的（尽管是由"卑微的服务性的造物"组成），它甚至与舞台"表演"同样重要。在这"魅惑"中，合唱团成员"自己认为自己就是萨迪尔"——即他丧失了市民身份，他的文化生存被酒神"超越"，他变成了原始形象（Urbild）。萨迪尔是智慧的，因为它的声音来自于自然。另外，"作为萨迪尔，他可以看见神"。他的最理想的完美状态被作为日神形象投射在舞台上。（回想一下，日神的一个关键作用就是把奥林匹亚众神投射成人类理想化的、合理化的可能性。）合唱团必须由服务性的造物组成，因为它的作用就是通过创造视角并看护受苦的人，来服侍它的主人。智慧的萨迪尔也是"愚蠢的"，因为它是自然冲动的象征，"没有学过知识"，而且永远只是神的仆人。"有了这个新的视角，戏剧就完整了"。

尼采在这一段用的一个关键隐喻是疾病。魅惑"感染"了观众，引起了一场"瘟疫"（因为酒神视角是一个集体现象）。另外，对尼采而言，视角本身就被描述成"不停颤抖"，好像高烧时的幻觉一样。根据这一隐喻，尽管这个视角是日神的——"更清晰，更容易理解"——它同时也更"像影子"（这也预示了下一节尼采对柏拉图的洞穴寓言的戏谑解释）。而且，尽管演员采用了日神的诗歌形式，它只是"几乎用了荷马的语言"；"几乎"是因为这不是独立于酒神冲动的日神象征，而是以（愿意承担酒神任务的）颂神戏剧形式表达的象征性梦境形象的日神语言。

1　康德文本和叔本华的著作题目中的"Vorstellung"更常被译为"representation"。虽然"Darstellung"是康德的一个术语，它的常用意义更倾向于戏剧，可能更好的翻译是"portrayal"（描绘）；"Darsteller"指演员。尼采是指戏剧本身的诞生。

第 9 节

索福克勒斯和埃斯库罗斯悲剧的双重意义

至此,尼采用了超过三分之一的篇幅,按照分析的和历史的次序将悲剧的条件及元素分离开来,然后他才终于开始探讨"成熟的"形式。我们可以看出,在这个过程中他应用了康德在文化和历史人类学领域的批评原则:尼采提出,使悲剧成为可能的人类学的和历史的条件是什么,在某种意义上,是什么使悲剧成为必要? 尼采即使在这一节也没有向我们展示悲剧完整的形象,他呈现的仍是发展中的形式。这种以过程为中心的研究艺术和文化的方法,是尼采谱系分析方法的关键特征。当研究一个课题的时候,它以分析为目的将各个元素分离开来,然后随着其他元素的变化,再追踪这些元素在意义、形式和价值上的变化。

然而,悲剧的发展此时已经超越了匿名集体话语的阶段。它现在成长为一种文学文本,被永久保存。悲剧与特定的悲剧艺术家相关联,它的情节以具有象征意义的个体,即悲剧英雄为中心,悲剧英雄的倒下制造了悲剧性的转变。以逆向历史顺序,尼采强调了两个雅典悲剧作家(索福克勒斯和埃斯库罗斯)的作品。但是,如**第 1 节**和**第 2 节**讨论的那样,索福克勒斯和埃斯库罗斯现在还仍然只是日神工具的名字,日神文化力量在服务它的酒神伙伴时,用这个工具来满足它的创造性动力。没错,索福克勒斯确实撰写了戏剧,他甚至也清楚戏剧里面想表达的意义或信息(虽然,文学作品有"意义"或"信息"这个想法,以现在的角度来看,可能是一个时代错误)。然而,不管这个有意识的意义是什么(至少宽泛地说),尤其是索福克勒斯认为赋予这种意义以神秘感的必要性,都是动力的一部分,两个动力通过希腊文化中的个人载体运作。尼采探讨了三个重要的悲剧:索福克勒斯的《俄狄浦斯在科罗诺斯》、《俄狄浦斯王》和埃斯库罗斯的《普罗米修斯》。

　　第9节是全书内容最丰富的一节。这一节围绕着两个对比展开。第一,日神对悲剧的解释与悲剧根植于神话的内在酒神意义形成对比;第二,围绕俄狄浦斯和普罗米修斯这两个人物,索福克勒斯和埃斯库罗斯对"古典"悲剧两种意义的对比。但是尼采并不满足于这个复杂程度。这一节还包括——不是随意而是作为核心——柏拉图、基督、歌德、正义和犯罪。另外,文本中至少还有四个其他的对比:女性和男性,奥林匹亚诸神和泰坦巨人,圣人和艺术家的本质,以及犹太文化传统和雅利安文化传统。我们现在知道,尼采的文本得益于这些具有内在联系的"对立",而这些对立的概念之间至少有部分协作。

　　这里的重点更多的是特定艺术作品的意义,而不是狭义的艺术的本质(或艺术家的本质)。有两个非常重要的评论。第一,这个讨论强化了一个观点,即尼采认为,艺术包括整个艺术生产和消费的系统。比如,我们在前一节看到,观众没有独立于艺术作品(这在**第22节**会进一步强化),他们构成了艺术作品的一个必要成分。第二,艺术作品的意义,不是艺术家有意放在里面的信息(虽然它也有可能是)。对尼采来说,某个艺术作品将原始的神秘结构的重要性揭示出来,不管是对作品本身还是对文化来说,这种方式才应该被称为是艺术作品的意义。这意义会随着历史而发生特定的变化,但其根本还是动力的基本形而上学意义,并通过解释显现出来。因此,解释更多的是一种文化历史行为,而不是对特定艺术作品本身的关注。

　　这一节隐含着对温克尔曼关于希腊静谧思想的驳斥。这一思想影响了数代欧洲文学、艺术和哲学经典,其影响力一直持续到19世纪。尼采受荷尔德林影响,认为希腊的高级文学和雕塑文化是

3 文本阅读

对原始能量的静谧的升华,荷尔德林是唯一强调希腊文化形式双重性(黑暗的神话根基和光明的表面形象)的德国古典主义者(参见**第 3 节,注:尼采,德国的希腊主义与荷尔德林**)。希腊静谧的基础是痛苦、升华和转变。在人物的对话中——尼采称之为"希腊悲剧的日神部分"——希腊对静谧的倾向显现出来。"索福克勒斯的英雄人物使用的语言使我们讶异,它具有日神般的确定和清晰"。在这幅光的形象后面,"投影到一面黑墙上"(这里暗指柏拉图,但也可以看成是暗指图象的投影),我们可以更深入地探索"这个将自己投影到这些明亮的反射中"的神话。因此,在悲剧艺术家的个人理解之中,酒神神话被其升华版的日神所代表。

尼采在**第 2 和 3 段**对比了俄狄浦斯和普罗米修斯在索福克勒斯和埃斯库罗斯悲剧中得到的对待。本质上,尼采认为,在这个暂时的、不稳定的"古典"时期的文本里,悲剧是对神话带有寓意的解释,或者用他自己的术语说:是酒神体验的日神象征。但这一象征可以有两种解读方式:悲剧中,神话讲述它的酒神智慧,即使戏剧表面明显的"信息"穿着日神的外衣。我们可以认为悲剧的表层是透明的日神意义(我们称之为日神解读),下面还有两层酒神意义,这两层意义只有通过神秘的象征才能显现在表面。最深处是"太一"的体验,没有任何语言形式或视觉表现能与之匹配,再往下是悲剧神话,处理原始体验的第一个(历史意义上)媒介。悲剧神话讲的是人与原始自然对抗的故事。"现代"希腊悲剧好像寓言一样,它将悲剧神话藏在象征外表后面,同时取食于悲剧神话。悲剧神话不可能在戏剧中得到清晰的说明,因为戏剧存在的目的就是使我们靠近它,但同时也将我们与其隔离开来。尼采讲解这两个意义的时候,戏谑地使用了柏拉图关于日和洞穴的寓言。这里,阳光看起来好像是幻觉,将真正的黑暗藏起来不让我们看见(或者治愈我们——回想一下上一节关于感染的隐喻)。尼采使用这一比喻,意在将这一节里面提到的各个对比联系起来。

俄狄浦斯的"情结"是他的命运,随着他打开这个"情结",日神解读看到了他的痛苦,正如亚里士多德评析的那样,观看情节的"辩证解决方案"是戏剧最令人紧张的时刻。但是诸神有"一个与之匹配的神圣辩证法",在这个辩证法下,同样的俄狄浦斯毁灭的情节(在《俄狄浦斯王》中)获得了更广泛和更崇高的结局(在《俄狄浦斯在科罗诺斯》中),这个结局在俄狄浦斯死后会被永久传唱。俄狄浦斯被动的痛苦("激情"[passion]一词的词源意义),证明是最高级的主动。显然,尼采认为索福克勒斯笔下的俄狄浦斯在某种程度上与基督,或至少与"神圣"概念有关联,在**第 3 段**很明显。我们会在该书的第二部分(参见**第 13 节**)讲苏格拉底和柏拉图时遇到更多对基督和基督教的暗指。因此,尼采的谱系学计划已经包含了——在这一早期阶段还不是很明显——描述基督教思想从其在古典时代发源以来的世系的课题。

但是在这个表面之下,是俄狄浦斯神话的酒神意义:自然与人性不可同日而语,"智慧是对自然的触犯"。展开的情节具有日神般的美丽,由美丽带来的宁静,起到了面纱的作用。它不仅掩饰了俄狄浦斯可怕的罪行,也掩盖了一个事实,即这些都是他的智慧的恶果。智慧只有以"冒犯自然"为代价才能获得,另外,这个代价的后果就是那个智慧人的死亡。我们现在已经熟悉这个概念了。这些悲剧类型实际上是以日神形式体现的酒神个体死亡,真正的主题是悲剧神话,所有的悲剧都是对悲剧神话象征性的解读。"诗人对故事的所有解读,无非就是当我们望向深渊之后,具有治愈功能的自然向我们提供光明的形象之一"。实际上,尼采在俄狄浦斯悲剧中看出对智慧和知识的蔑视。难怪苏格拉底和柏拉图都对悲剧持怀疑的态度。在尼采看来,俄狄浦斯神话的高潮出现在,悲哀地意识到"不论是谁用知识将自然抛进毁灭的深渊,他本人都将必须体会到自然的毁灭"。想要理解尼采对苏格拉底之后现代知识的批评,这句话非常重要。现代科学人对自然进行了系统性的误解,目的是避免体验酒神式的存在,甚至单纯地把表象/存在(Schein/Sein)的区别看做是虚假和真实之间的区别。科学人无法意识到"智慧是对自然的触犯"。悲剧的重生会重新建立存在和表象之间的联系,并将艺术家放回到他原来的位置,即存在和表象之间唯一的真正的协调者。

与俄狄浦斯戏剧类似,《普罗米修斯》也有两个不同的意义。**第3段**,尼采开始解读埃斯库罗斯,用歌德1774年的"狂飙突进"诗(一部未完成的戏剧中的片段)中有关普罗米修斯的故事作为线索。与日神有关的解读(但注意,这次尼采并没有明确地说,相反,他认为埃斯库罗斯的"悲观"有些非日神的特质)始于巨人普罗米修斯公然对抗众神,创造了会使用火,同时也蔑视众神的人类。普罗米修斯必须为他的罪行受到永远痛苦的惩罚,但他接受了这个代价。相比于俄狄浦斯这个圣人一样的苦行僧,普罗米修斯是艺术家的原型,他典型的特点就是无尽的创造力和"穷酸的骄傲"。这个解读本身就是日神意义的,因为日神是主宰"个人和正义界限"的神。然而,像之前一样,埃斯库罗斯所能领会的意义并没有达到悲剧中所体现的神话的酒神深度。为了进一步研究这些深层次的意义,尼采对比了"雅利安"的普罗米修斯神话和"闪族"的人类堕落神话,也是通过展示源自原始模型的基督教神话形式,继续开展他的基督谱系学这一副课题。

现在,鉴于尼采的名字在20世纪被法西斯反犹太主义所盗用,读者读到这些段落的时候可能会感到不太舒服。值得注意的是:第一,即使是在1870年代,雅利安这个概念仍被欧洲大学广泛应用,主要用作人类学的一个类型;只是在后来才开始被冠上国家主义标签。也要注意,尼采将两个人种的关系比作"兄妹",因此,这显示他感兴趣的是关系和依赖,而不是种族隔离。最后,种族教派的差异实际上是对性别角色的形而上学意义的解释。基于种族的分析在尼采后期的作品中也没有消失(鉴于尼采的基本论点就是,文化生命的根基,至少一部分是生理学,这种种族分析怎么会消失),但后期作品中的分析的确更加微妙和平衡[1]。这些观察对于严肃地评估尼采和(意大利及德国)法西斯主义的联系至关重要。

尼采展示了最初的堕落神话如何变化并获得了《旧约》中的伦理特征,使它成为基督运动的根本。对普罗米修斯神话的酒神解释将火看做新兴文化的必要特征,但同时也认为这是从神那里偷来的。人与神产生了矛盾;他们的世界是独立的;这就是"藏在事物内部的矛盾"。普罗米修斯的英雄式冲动是"帮助大众",像阿特拉斯一样将个体生命背起来,跨越界限(偷火)。英雄必须接受这一隐藏矛盾的惩罚。尼采说,正是偷盗这一必要行为和尊严(两者都是"阳性")与堕落神话形成对比。对于前者,罪是一种美德;对于后者,犯罪(亚当和夏娃的越界行为)是被引诱的行为,是不体面的,是"阴性的"。实际上,《悲剧的诞生》的潜台词很明显,它批判犹太基督教道德是否定生命的:普罗米修斯作为酒神的代表,与基督对抗是他的终极目标。因此,普罗米修斯是酒神神话悲剧的一个"非日神"的象征,在埃斯库罗斯的悲剧里,普罗米修斯这个人物是神的"酒神面具"(p.51)。

---

1   参见 Douglas Burnham, *Reading Nietzsche*, Durham: Acumen, 2005, pp.180-82.

第 10 节

作为濒死的阵痛，神话在悲剧中重生：神话时代的终结与逻辑时代的开始

第 9 节介绍了面具这个概念。尽管日神的出镜率越来越高，他使自己出现在表面象征主义这一编织紧密的网络里面，并侧重于悲剧英雄或女英雄个人的象征主义，酒神的痛苦才是所有希腊悲剧真正的主题。从它最早的根源到最高级的形式（这时它已经开始"变得孤立"）一直如此。在雅典时代饶有成就的悲剧里，酒神藏在英雄个人的面具后面。这里，他没有体现为个人面具后面的另一个人，而是体现为洞察到"太一"的神秘象征。因此，本来就已经很"完美"、"普遍"的神，一个去个体化的存在，处于好多个面具的后面。注意尼采这里用了柏拉图的词汇来表达一个概念，即一个人会以多个从属形式展现自己，这是"日神，梦的解析者的一个作用，他以象征性外表的方式向悲剧合唱团解释酒神状态"。

接下来的段落简明地说明了尼采对各个酒神神话的解释，重点强调两个方面。第一，酒神被撕碎又被重铸的神话，尼采将这一经历看做个体从统一整体分离出来的痛苦，同时也是重返整体的保证。第二，神的双面性，即残酷又温柔，这影射了酒神智慧的双面性，取决于人将"太一"原则看作是个体融入整体然后被毁灭了，还是将其看作与自然的愉悦结合。在神话的这两个方面里，双面性都会带来"第三个酒神"，它只有在悲剧这个简短但特别重要的艺术中，作为艺术才能被实现。英雄个体的象征性毁灭既令人恐怖也让人充满希望，因为它使我们看到人类回到自然怀抱的希望。

在**第 2 段**，尼采引入了另外一个复杂元素到神话舞台的冲突里，冲突的双方是泰坦巨人（第一批神，比如普罗米修斯）的酒神层

面和奥林匹亚众神（泰坦巨人的后代，击败了早期的神）的日神层面。尼采声称，后者的胜利是荷马史诗的基础（**第 3 节**）。历史周而复始，泰坦巨人现在又崛起了，即普罗米修斯/酒神动力和形而上学意义在希腊文化，尤其是悲剧中又开始产生效力。但是它们崛起的目的不是为了形成新的神话——酒神真理是"永远躲在神话的旧披风下"——而是借用音乐的力量来解释这些神话，给予它们新的意义。从音乐洞察力的角度来讲，所有给定的神话形象都是几种可能的解释之一——因此，我们这里可以挑明尼采没有陈述的观点：音乐的作用就是像酒神一样释义。重要的一点是，尼采没有认为这是对过去胡乱的解释，以至于新的意义具有时代性错误；相反，他认为这种解释复原了神话的青春。泰坦巨人再一次崛起了，至少以日神的象征形式，因为依赖荷马史诗和奥林匹亚神话的历史文化已经枯竭了。

悲剧产生的一个条件就是神话已经濒临死亡，处于死亡的阵痛之中。在悲剧中，神话得以释放一段新的生命，但是，总体上它仍趋于死亡。悲剧这种艺术形式的衰落，标志着神话时代真正的终结。这一观点的重要性无以复加。历史事件周而复始，甚至逆转，这是全书一个重要的主题：因为，我们可以从**第 15 节**开始看到，尼采深信，现代文化的枯竭会带来悲剧诞生的希望，从而开始新一轮的历史轮回。这里说的神话枯竭是什么意思？尼采认为，就是某一宗教的神话前提被教条化地总结为一套完整的历史事件。象征性神话或理想人类的可能性这一中间世界，相对而言是平的，人类事件与存在处于同一层次。因此，人们倾向于认为神话是过去发生的事情，没有任何"现实"意义。另外，还有一个倾向，即甚至认为他们原本就没有超验意义；尼采之前已经将其定义为无法识别外表的"病症"。甚至连亚里士多德也认为，诗歌叙事的

意义高于历史(过去时间的记录)[1]。"这通常就是宗教灭亡的方
式[…]当对神话的感觉消失时"。这一段讨论代表尼采开始探讨
他所谓的"苏格拉底主义"。我们应该注意,尼采在书结尾的几节
会更深入地解释神话的本质。

　　欧里庇得斯(**第 3 段**的主题),古希腊第三位悲剧作家,试图
"再次"强迫这个濒死的人物(神话)做"奴隶"的工作。尼采认为
"邪恶的"欧里庇得斯处于悲剧死亡的中心。这里的"再次"很重
要。神话和宗教——希腊文化生活——在悲剧产生之初已经难逃
厄运,并已经处在死亡边缘,且创造了荷马史诗这一日神艺术的文
化力量,其已经开始生产一种新的东西。悲剧暂时延缓了神话的
崩殂,甚至利用当时的条件造就了一番成就;但是所有这些都被欧
里庇得斯一手终结了。因此,在遗弃酒神的同时,欧里庇得斯也被
日神遗弃了。下面两节将解释尼采所谓的"复制的、戴面具的"神
话或音乐是什么意思,也将详细地解释荷马文化的枯竭,尤其是在
欧里庇得斯时代它是如何体现自己的。

88

第 11 节

欧里庇得斯作为评论家而不是诗人

　　第 11 节研究了导致"阿提卡悲剧"之死的条件。尼采认为,相
比于希腊文化时期其他那些"因为上了年纪而安详的自然死亡"的
艺术,悲剧因为一个"无法调和的矛盾而自杀身亡"。尼采没有明
确地说明这个内在矛盾,但他想表达两个意义。首先,"自杀"是因
为悲剧主要的死亡工具是古典时期末期最重要的实践者——欧里
庇得斯。其次,"无法调和的矛盾"是因为悲剧的基础是艺术动力

1　参见 *Poetics*,51a36-51b12.

的竞争而非结合,这使悲剧现象很容易被误解(参见**第 7 段**"不可比拟"[incommensurable])。

从**第 2 段**开始,尼采以"阿提卡新喜剧"的视角回顾伟大的希腊悲剧时代的终结。阿提卡新喜剧是后来的一个戏剧传统或运动,将欧里庇得斯作为英雄,但尼采认为这是戏剧的堕落。阿提卡新喜剧(也是欧里庇得斯)的主要特点是自然主义。这一特点最明显的证据就是欧里庇得斯将观众带到舞台上的大胆举动(这是用比喻的方式在说,戏剧里的人物说话和表演都是现实的,像真正的个体一样)。在前阿提卡戏剧里面演员和观众间前意识的结合(参见**第 7 节**)被特意毁掉了,目的是使观众像真正的实践性的个体一样参与到戏剧中来。令人好奇的是,这个自然主义并不仅仅是生活的镜像,而实际上是完美的规范的形象。欧里庇得斯在教他的观众如何说话、思考,他在通过教育来转化他的观众(**第 3 段**)。因此,就像尼采在一页之后说的(**第 4 段**),欧里庇得斯对待观众的方式有蔑视的成分:他觉得观众需要教育才能成为得体的、真正的人[1]。目标概念和恰当演讲的效果——纵容"狡诈"——成为了这种戏剧中主要的美德。戏剧和观众都不能承受任何比当下更沉重的话题。我们在第 10 节看到尼采对宗教神话简化为历史的讨论。神话影响当下的方式是将当下当作过去看待;不再是"不朽的"。悲剧的"理想"过去和未来,它的普遍性和它对形而上学真理的洞察,都缺失了。因此,尼采同意早期基督批评家的观点,认为这样一个"欢快"的戏剧——并延伸到这样的文化——是肤浅的、"女气的"。然而,这些评论家对后期希腊文化大体正确的定性被不恰当的扩展了,并用来定性更早的时期(悲剧时期,酒神的神秘等)。这导致了后来好几个世纪对希腊文化的贬斥,或至少是很深的误解,

---

1   尼采对教育未来读者有极大的兴致,所以他自己也没能超越这种鄙视的态度。

即认为希腊文化的基础是单纯的欢快和静谧。十八、十九世纪的古典主义学者对希腊文化时期的误解就从这而来:它是柏拉图和基督教对悲剧误解的终结。

为了理解欧里庇得斯对观众奇怪的蔑视,尼采重建了这位剧作家的智识生涯(**第5和6段**)。这种做法在尼采后期的作品中比较常见,而这是我们第一次在《悲剧的诞生》中见到的例子(**第13节**苏格拉底也会受到同样的关注)。欧里庇得斯自觉比大众高级,除了两个特殊的观众。第一个就是欧里庇得斯自己(**第7段**),但不是作为诗人的欧里庇得斯,而恰恰是作为思考的观众,或评论家的欧里庇得斯。因此欧里庇得斯只是名誉上的诗人——他使用文学形式和语言,或许甚至使用得非常恰当,但结果却没有达到尼采认可的艺术性。为了制造悬念,尼采故意没有马上说出第二个观众的名字。(这也是他写作的一个常用手法;注意,欧里庇得斯恰恰想要在这些悲剧中消除悬念。)在尼采的想象中,评论家欧里庇得斯根本无法理解埃斯库罗斯和索福克勒斯的作品。他看到这些悲剧中一些"不可比拟"的东西(尼采认为这是日神和酒神之间的紧张状态),好像原本清晰的形象"变成了彗星的尾巴"指向无边的黑暗(的确,它指向酒神)[1]。欧里庇得斯也无法理解(1)整体构架中古老的合唱团的角色,(2)伦理和政治问题令人"怀疑"的解决方式,及(3)语言的华丽。尼采向我们解释了,合唱团是早期形式的痕迹,而且是悲剧本质的必要核心;伦理和政治问题将我们带回到**第9节**的正义概念,尼采在讲述神话的解释和意义时用到了正义这一概念。最后,语言的华丽与非自然的去个体化的英雄(即带着面具的酒神)有关(**第10节**)。尼采想象,欧里庇得斯一定感到非常挫败,既无法理解这些戏剧的特征,也不能从其他人那里得到对

90

---

1 这里可能指的是1862年发现的斯威夫特-塔特尔彗星;在这几十年前有一个重要发现,即彗星的尾巴总是直指太阳。

他们满意的解释。直到他找到了另一个与他持有相同观点的观众。

第 12 节

对艺术动力的误解和压制

到**第 12 节**,尼采还是扭捏地不肯揭示另一个观众,相反,他回顾了使欧里庇得斯非常困惑的悲剧"不可比拟的"本质。日神和酒神是带有神话色彩的艺术动力,并存于悲剧之中,如果不能理解这一点,那么悲剧看起来确实只是不同形式的混杂,且缺乏清晰的世界观。在这第二个观众的鼓励下,欧里庇得斯开始创作一种新的悲剧,能够传达一个全面的"清晰连贯的"、非酒神的艺术概念、道德和现实。但是,尼采在**第 2 段**再次选择用未来视角看待这个变化;这次用的视角来自欧里庇得斯晚年写的戏剧《酒神的伴侣》(*Bacchae*)。这部戏剧描写的是整个底比斯城(Thebes)都不欢迎酒神的到来,而产生的灾难性的后果。尼采将这解读成欧里庇得斯迟来的忏悔,即他的非酒神悲剧观是一个错误,或许他意识到,他自己本人也仅仅是一个面具,不是酒神或日神面具,而是"一个全新的恶魔,苏格拉底"的面具。这个意识来得太晚了——非常不幸,因为悲剧的传统就是英雄或女主角意识到他或她的命运,从而陷入痛苦之中。

对于早期的欧里庇得斯,主要的挣扎来自于酒神与苏格拉底的对抗。以这种多少有点怪异的方式,哲学家苏格拉底的形象在**第 3 段**和**第 4 段**开始出现。欧里庇得斯首先被认为是一个苏格拉底式的思想家。的确,在**第 6 段**结尾(几页以后),与欧里庇得斯同样不理解早期悲剧,且提供了新悲剧之基础的、新的非酒神的概念的"另一名观众",就是苏格拉底。

91

在**第 3 段**,尼采回到日神和荷马史诗的话题上来,目的是将其与欧里庇得斯的新悲剧对比。如我们所知,它的主要特征之一就是从外表获得快乐和释放。诗人和演员都保持镇静,并与形象保持距离,即使他们非常害怕或激动,也不与他们结合或进入到其中。然而,在欧里庇得斯的悲剧中,诗人和演员都与所描绘的形象融合。他们并不把它看成外表,而是直接感受它、融入它。这肯定不是日神的,而新悲剧也不是酒神的。那么它如何才能对观众有任何作用呢——也就是说,它用什么来做"刺激物"? 首先,通过思想,思想的冷静也许与日神形象相似,但其余则大不相同。其次,通过情绪作用,情绪可能与酒神的"狂喜"相似,但却是个体感受,而不是个体融入"太一"的感觉。因为他们的理想是直接的现实主义(或自然主义),尼采强调,这两个刺激,都没有任何意义上的艺术性。因此,新悲剧的原则就是"为了美,所有的东西都必须是合理的";这是苏格拉底的基本原则(知识即美德)的美学表现形式。不管是在美学还是伦理道德领域,这些都是非常有力的新概念。然而,尼采几乎无法掩饰他的感觉,他认为这些概念代表了一个新兴的动力,而这动力的形而上学原则是具有迷惑性的。

欧里庇得斯悲剧的主要特征来自于苏格拉底对理性和连贯性的要求,其目标是为新的诗歌手法(思想和情感)服务,新手法取代了日神和酒神艺术动力典型的实现方式。在这些主要特征中,我们已经介绍过,以狡诈的国际象棋游戏为中心的新的"现实"语言、人物类型和情节。另外,尼采现在探讨提供开场白的必要性,最好出自一个可靠的人,比如神,这样观众就不会忙于解读情节而错过令人动容的场面(侧重当下的情感)。类似地,结局也要有相似的明确性,以消除人物命运或行为的重要性之模糊不清的地方。很明显,尼采对欧里庇得斯新悲剧的结构和风格并不想做细致的分析。他更关注这些变化,对于欧里庇得斯和苏格拉底作为个人,更重要的是,对于他们作为新的(也是危险的)文化力量系统的典范,意味着什么。这个系统包括一种理解知识、现实和艺术的本质的独特的方式。对这一系统的分析集中在**下面几节**。

第 12 节结尾指出苏格拉底就是另一个观众,还讨论了意识。尼采认为,欧里庇得斯自觉优于早期的悲剧作家,因为他做的所有事情都是有意识的,或者是有目的性的(而不是出自直觉,或允许前意识动力通过他来行动),而这也意味着,悲剧中所有的元素都具备合理性特征。好像他是一群醉汉中间第一个清醒的艺术家。清醒头脑中的理性主导地位既是善(苏格拉底)也是美(欧里庇得斯的美学苏格拉底主义)的基本原则。从理性和合理性概念出发,尼采在后来讨论苏格拉底的时候更加强调"逻辑"和"辩证法"。到目前为止,这些概念都只是偶尔才提到。("logos"不光指理性,还指语言,因为语言充满了知识或真理。)苏格拉底导致酒神逃逸,即由苏格拉底所代表的思维和行动的动力或"恶魔"压制了酒神动力,只允许它以弱化的形式作为情感出现,或者在分布广泛的边缘化教派中实现一部分。随着酒神被压制,日神也同样被压制了,它的地位被逻辑、思维、意识和合理性所取代,而它的全面表达和形而上学意义则被全盘禁止。

第 13 节

苏格拉底——历史文化的轴心

第 13 节比较突出。从数字的角度来看,它正好是这本书的中心,《悲剧的诞生》的希腊部分和现代部分,在苏格拉底这个代表人物身上合二为一。对尼采来说,苏格拉底的出现标志着西方历史从古典时代到现代的转变。作为评论家,尼采的角色在第一部分是古典文献学家,他带领我们领略了希腊时期的巅峰;而在第二部分则转变成了对现代性的文化批评家,为我们展示新时代的缺陷和危机。这一节重点在苏格拉底,在本节末尾,尼采展示了对苏格拉底和他称之为"苏格拉底倾向"的厌恶,这种厌恶里面带有震惊,甚至崇拜,尼采佩服这个人恶魔般的力量,企图单纯地通过抽象概念和逻辑秩序来了解世界。

尼采在**第1段**声称,起初"苏格拉底和欧里庇得斯的现代倾向关系密切"。我们了解到这两个代表人物之间的私交。苏格拉底作为"悲剧艺术的反对者"在此破了一次例,而且"每当欧里庇得斯的新戏上演的时候,他才会去做观众"。从阿里斯托芬的喜剧《云》(*The Clouds*),我们可以瞥见,当时的文化保守主义者,"支持'美好的旧时光'的人们","会同时说出两个人的名字"。这二位高居"迷惑众生者"榜首:在本节末尾,尼采称苏格拉底为"真正的好色之徒",类似于唐璜,对知识有无尽的渴望,总是在追求更多,他将熟睡的"情人"丢在研讨会(恰好是关于爱情本质的对话),而自己大步走开,准备寻求下一个目标。这两位以"可疑的启蒙"的名义,带来生理和精神的逐步退化。这里正在设立一个对比,大体来讲, 94 对比双方是对否定生命的知识的现代态度和根据生物自然而活的生命——尼采所有著作中的主旋律。尼采这里以轻蔑的态度用了"启蒙"这个词:对尼采而言,苏格拉底是启蒙运动的第一个主要代表,通常狭义上只代表十七、十八世纪欧洲的思想运动[1]。然而,具有现代思维的当代观众,观看《云》的时候,"不免震惊地发现,苏格拉底竟然在阿里斯托芬戏剧里作为首席诡辩家(Sophist)"。"诡辩家"是一个集合名词,指古希腊一种老师。这个词到后来变成贬义,部分原因归咎于柏拉图,他滥用了这个词汇,用来针对那些在希腊拿着高工资的老师们,柏拉图指责他们声称智慧,但实际上只

1　霍克海默和阿多诺都广泛地使用了这个词;参见 Adorno/Horkheimer's *Dialectic of Enlightenment*(1947),San Francisco,CA:Stanford University Press,2002.

是在利用修辞和逻辑手段哄骗学生。因此会有上面提到的震惊：阿里斯托芬暗示（尼采同意），苏格拉底对诡辩家的反对是一种讽刺，且其本身就是一种计谋。

特尔斐神谕处的公告显示了苏格拉底在当时的重要性。这也使尼采能够再次提到索福克勒斯。索福克勒斯在公告的智者层级上排名第三（尼采称他们为"无所不知的人"）。在这个情境下提到索福克勒斯明确了尼采在**第 9 节**暗示的内容，即索福克勒斯创造了最高级别的完美悲剧，同时也恰巧开始了悲剧的衰落。因此，尼采在**第 11 节**开头说，悲剧死于自杀。索福克勒斯已经能够对艺术手段运用自如，并有意识地运用这些手段。在道德伦理或政治问题的戏剧中，或以舞台美术的形式（比如，舞台上合唱团的明确位置和角色等）都显示，意识会削弱悲剧艺术。这在欧里庇得斯的戏剧工程里达到顶峰。尼采用了拉丁语的技术术语" deus ex machina"（机器之神）。这既指幕后作为演出一部分的机器操作，也指欧里庇得斯精心操控情节，尤其是让某些在场的神圣人物授权矛盾解决方案的方式。索福克勒斯将基于知识的艺术创作伦理带入了希腊文化，逐步取代埃斯库罗斯的直觉艺术。戏剧规则这一规范性意识始于索福克勒斯，并在亚里士多德的《诗学》中达到顶点，而《诗学》中的戏剧美学来自于《俄狄浦斯王》。与此相似的方法论意识可以在苏格拉底的辩证法中找到。

在他的同代人之中，苏格拉底对知识的探索最为执着，他将自我询问变成了一种职业。他想知道知识的本质，因此开创了哲学批评这条路线，康德是哲学批评的顶峰人物。尼采这里提到苏格拉底的诚实。他是他自己最严苛的批评家，"他说自己是所有熟人里，唯一承认自己一无所知的人"。这个自我否定是他饥渴地到处寻找"类似的对知识的幻觉"的前提。苏格拉底意识到他并不知道探索已知知识的方法；的确，这带来一整套伦理道德问题，即一个不断求索的人该如何生活。尼采认为苏格拉底的问题之症结所在，就是他对自己智力动力的本能预设一无所知。"'只有通过本能'：这个词组直指苏格拉底倾向的中心"。苏格拉底变成了他的智力控制之外的力量的玩物，尤其是当他以为意识高于本能的时候。因此他缺乏理解神秘事物的能力。尼采引用了柏拉图所谓的"苏格拉底之守护灵"（daimonion of Sucrates）来解释这一点。柏拉图用这个词来指"内心的神秘声音"。尼采却认为，对于苏格拉底，本能和意识的关系被病态地颠倒了，因为本能没有被给予它应有的主导、塑造角色：它只是负面干预。苏格拉底的本能声音是否定、阻拦他理解的声音；尼采反对"对于所有具有创造力的人"，本能才是具有"创造性—肯定性的力量"，而有意识的反省会提出警告。尼采说，"在苏格拉底身上显现出来的逻辑动力完全没有能力推翻自己"。这是在说：它既无法理解自己（或至少，像日神那样意识到自己只是表象），也无法限制自己、知道自己的合理领域。如果逻辑动力知道自己的局限性，它就不会让自己反对那些它不懂，也不可能懂的东西。对知识之根本的重要解释，在结构上无法审视自己的根本——直到康德改变了这一状况，我们在**第 18 节**会看到。康德不光代表了批评哲学的顶峰，也代表了苏格拉底主义开始终结（就像索福克勒斯是悲剧的顶峰和转折点一样）。这一次本质的大反转，导致尼采称苏格拉底为"eine gänzlich abnorme Natur"（一个完全不正常的个人）。尼采用了一个古老的德语词汇（Natur）形容个性、人格、人物——同时也用它来做双关语，因为这个词还有一个我们更为熟悉的且更宽泛的意义，即自然力量。尼采在这里是想说，苏格拉底是一个特殊的"去自然化的个人"（denaturierte Natur），是令人恐怖的退化堕落物种，但尽管如此还是被允许繁衍了。

　　在分析苏格拉底这个人的时候，尼采运用了个体心理学的例

96

子,尼采的自然和文化力量人类学原则也体现在苏格拉底这个人身上。尼采经常强调苏格拉底的个体性;他是一个全新的现代个体,与日神个体大相径庭,日神对"本能没有分解性的影响"。对智力的沉迷否定了自我具有多层次且本能性的基础的可能性。我们现在距离弗洛伊德"发现"无意识是人格同一性的驱力只有一步之遥。我们必须通过苏格拉底审视、看待这一新的、自然的力量或本能的"巨大驱动轮",即通过苏格拉底体现出来的逻辑动力。在这一宽泛的层面上,苏格拉底可以作为典型与卢梭、弗洛伊德、荣格等人的文化理论联系起来,这个理论运用"集体无意识"概念,并研究由发达文明的压力而产生的痛苦。如果我们从苏格拉底推断现代文化,我们或许可以将现代性的疾病诊断为源于本能动力被压制而产生的"现代文化神经症"。

尼采以苏格拉底和基督之间含沙射影的对比结束了这一短小的章节。(这个对比至少在第 3 段末尾"它的长袍的边缘"[hem of its robe]的评述就开始了;参见 Mark 5:25ff。)在尼采晚期的著作中,基督变成了他批评现代性的另一个靶心,现代性是基督伦理道德的始作俑者(像苏格拉底一样)[1]。这里没有直接提到基督;对于首部发表的书籍,这里已经有太多可引起争议的话题了,尼采不需要再让自己被谴责为渎神或无神论主义。(参见**第 9 节**[堕落神话]和《**自我批评的尝试**》;尼采在那里对这一点进行了解释,即《悲剧的诞生》的主要批评火力以否定生命的基督道德为目标,但书里从头到尾也没有明确提到这一点。)暗示的两种类型的相似之处看起来很明显。两者都是由盲目的追求苦修所驱动;两者都为狂热遵循原则而牺牲了自己的生命。的确,苏格拉底制造了自己的死

97

---

1   尽管在《反基督》里,尼采对待基督的态度更积极,认为基督也是人类健康和发展的一种可能性,只不过是迷失了,且被误解了。

刑。他的审判[1]的"恰当"结果应该是流放：苏格拉底是知识圣坛上的殉道者。苏格拉底没有对死亡的"自然恐惧"，这也可以扩展到基督和基督教；本能已经被扭曲到了这种程度。两者都成功地通过弟子来延续他们所代表的立场。（的确，两者都在他们熟睡时离开，参见 Mark 14:32ff.）最后，两者都是新型人类的代表或原型：一种靠逻辑动力理解世界，另一种依靠否定生命的道德系统；两者的共同点就是尼采后来称之为"无名怨愤"（ressentiment）的疾病[2]。

第 14 节

悲剧之死；现代艺术的诞生

第 13 节描绘的苏格拉底承接了**第 14 节**到**第 25 节**尼采对现代性的批评。尼采在书的第二部分讨论了现代文化几个冲突的领域，全部都源自意识高于本能这一霸权。在很多冲突的领域，本能意志会暗中重申自己的主张，反对意识的规则，并削弱它、嘲笑它。在这一节，尼采讨论的是苏格拉底和柏拉图美学在悲剧的毁灭中起到了至关重要的作用。

在**第 1 段**，尼采提到苏格拉底或柏拉图对悲剧的厌恶。我们已经从**第 13 节**知道，苏格拉底不欣赏悲剧。苏格拉底"那独眼巨人般的眼睛［…］从来不会愉悦地望向酒神痛苦的深渊"。（这个笑话一部分是因为独眼巨人没有视觉深度；关于表面及表面背后的东西的隐喻贯穿了整个段落）悲剧是不合理性的，即事情的发生毫

1　审判标志着"不可调节的矛盾"；苏格拉底之死本身，展示了悲剧的至少一个方面。但是，与传统悲剧一致，苏格拉底对他自己命运的本质所知有限。

2　参见 *Genealogy of Morality*（*GM*），ed. and trans. Maudemarie Clark and Alan J. Swensen, Indianapolis, IN：Hackett, 1998, pp.19-23.

无缘由(没有因果关系);所有事情都是"五花八门的",因此也缺乏秩序和清晰度;这就可能对观众中敏感的或软弱的知识分子产生危险效果。更重要的是,它是不真实的,代表的仅仅是令人愉悦的东西,而不是真实的或有用的东西,而且,"像柏拉图一样,苏格拉底认为悲剧属于谄媚艺术"。苏格拉底能理解的唯一的诗歌体裁就是《伊索寓言》(*Aesopian fable*)。**第 2 段**告诉我们,柏拉图更加明确了"不真实"的概念,他对悲剧诗歌的诋毁众所周知——也诋毁所有古老的艺术形式,包括荷马——称悲剧诗歌是对"幻觉"的模仿,因此与知识毫无关系。而哲学探索的目的却是"找到现实背后的真实概念"。尼采强调对柏拉图的讽刺,他从对悲剧彻底的误解出发,开始时作为诗人,结束时却变成了哲学家。当"无法抗拒的倾向"与"苏格拉底格言"抗争的时候(注意尼采所用的"推进"的隐喻),柏拉图意外地创造了一种新的艺术形式:对话。

对话指的是话语交流;在柏拉图的作品中,我们拥有的"记录"大部分都是虚构的对话,一般都发生在苏格拉底和其他几个人之间,大部分是年轻人,是苏格拉底的学生[1]。"辩证法"(dialectics)一词来自于"对话"(dialogue)。苏格拉底认为,哲学的恰当方法应该是问答的过程,遵循逻辑分析和推理规则,目标是通过相互启示得到对某个东西(比如知识、正义、善、美)放之四海而皆准的定义。辩证法这个词因此拥有很长的哲学历史,从柏拉图本人到亚里士多德,再到康德和德国唯心主义。(在攻击辩证法的时候,尼采也再次攻击了黑格尔,参见**第 1 节**和**第 4 节**评论。)

柏拉图对话法是针对本质(eidetic)批评的新的哲学课题的方法。奇怪的是,它与被否定的悲剧形式很像。因为,悲剧不是对现

---

1   在柏拉图早期的对话中,我们可以大概看出苏格拉底的方法、风格和思想。后来,柏拉图发展了自己的立场,苏格拉底就更像是一个虚构的人物。但是,鉴于尼采的分析,"新"思想仍处于苏格拉底的领域。

实的模仿，而是"藏于现实背后"的酒神的真实投影。然而，悲剧不是通过对话的方式进行的，而是通过日神象征形式。另外，悲剧"吸收"了其他所有的艺术形式（音乐、诗歌、舞蹈等），而对话也是。但是悲剧的融合发生在"语言形式整体法则"范围内（奇怪，尼采这里没有提到音乐），而柏拉图式对话则是一个合成的怪物，它徘徊于叙事、抒情、戏剧之间，散文与诗歌之间，却对谁都不信任。有违苏格拉底和柏拉图的哲学意愿，这被驱逐的艺术（悲剧）在柏拉图式对话中找到了避难所，并成功地在这种敌对的媒介中以杂合形式存活了下来。在柏拉图式对话中，它被传送到现代时期，并变身成另一种形式——现代小说。

99

可以认为，将现代小说与柏拉图式对话和伊索寓言联系起来，并将其作为现代小说的先驱，这对探索小说的起源非常有意义。在 20 世纪的文学批评中，小说被定义为一种现代形式，因为它选择性地包含所有其他的文学形式 [1]。小说以传记形式将一个人的生活之旅串在一起，多个正式的元素松散地结合在一起，共同服务于一个道德或说教的目的：提供方向感。尼采对这种不同元素混杂的艺术形式（古代和现代）情有独钟。虽然有别于小说，如我们在**第 8 节**和**第 9 节**所知，在**第 21 节**还会读到，悲剧也是这样一种不同元素的混合形式。在这一段，我们可以看到一个很好的例子，证明尼采将事物之间的关系作为定义他们的特征，他举了两个平行的从属关系：新柏拉图哲学是目的论下属的学科，而诗歌则从属于小说中的辩证法。

1　参见 Frederic Jameson, *The Political Unconscious. Narrative as a Socially Symbolic Act*, London: Routledge, 1983. 另见 Ian Watt, *The Rise of the Novel. Studies in Defoe, Richardson and Fielding*, Berkeley and Los Angeles, CA: University of California Press, 1957. 格奥尔·格卢卡奇在《小说理论》（1916）中讲到小说是"半个艺术"。另见 Michael McKeon, *Theory of the Novel. A Critical Anthology*, Baltimore, MD: Johns Hopkins University, 2000, section 11, pp.185-218.

在**第 3 段**,尼采通过引用文本中的双重性,进一步解释了现代艺术的遭遇。日神动力——其目标永远是清晰的形式——做了一个逻辑图示的"茧",并藏身其中。(注意这里用的生物学隐喻:"生长过度"[overgrown]和"茧"[cocoon]——这里把希腊文化想象成一座花园,但却不是伊甸园)。这里的想法是,先藏起来,用蚕茧做面具保护自己,等待时机以质变形式重新出现(这的确在书的最后一页发生了)[1]。转动的蚕茧也是面纱的另一个形象,下一节提到的"网"也是。这里嘲笑了柏拉图对艺术的理解:它是科学,不是艺术,戴了双层面纱,双倍远离现实。它不仅没有意识到它创造的形式仅仅只是外表,也没有意识到日神为自己遮盖的第二层面纱。与日神相比,苏格拉底动力是"病态的"(参见**第 1 节**)——意思是,它患了疾病是因为它是由直接的、显著的情感所决定,并认为这样的情感是非常重要的——因为它无法辨别梦境,并与之保持情感上的距离(也见**第 12 节**)。在这一变化中,"muthos"(神话,在书的第二部分变得越来越重要)被误认为是"logos"(论证语言、逻辑、知识)。相似地,尼采将我们带回到他对欧里庇得斯的讨论,酒神——总体来说,它的目标总是狂喜和自然——被"翻译"成自然的、受情绪影响的。相对于酒神,这也是病态的(参见**第 22 节**对亚里士多德和歌德的讨论),因为酒神的狂喜本质被误解成了个体情感。最后,酒神"自杀性的纵身一跃,变成了家庭悲剧"(今天我们称之为"厨房水槽剧"或"肥皂剧")。

因此,毫不意外的,尼采认为苏格拉底这个人物就是"柏拉图戏剧中的辩证英雄",且与"欧里庇得斯戏剧中,必须要以理性和非理性来为自己的行为辩护的主角"非常相似。两个例子中,都含有

1　的确,写作的结构制造了这个概念:除了有几个地方尼采明确地提醒我们第一部分的结果,日神概念在第 13 到 20 节基本没有出现过。只有在文化更新的"希望"重新燃起之时,它才再次出现。

一种普遍的乐观情绪,这种乐观的作用就是抵御自然世界以及因为暴露在自然世界中而承受的痛苦。对于苏格拉底,这种乐观暗含在可知性观点之中,它明确地认为,知识掌管美德,无知即是罪恶,以及美德带来幸福。因为这份乐观,悲剧死了。艺术动力里面的道德内容被替换成了一个认识论的要求,即认识自己;更确切地是,埃斯库罗斯戏剧里"先验正义"被机器之神所取代,而且舞台上辩证推理的表演赶走了神秘的人类命运。

合唱团和悲剧的"整个音乐-酒神"基础,从新的苏格拉底角度,被看做是不可或缺的遗物。然而,"我们知道,合唱团能被理解的唯一方式,就是将它作为悲剧和悲剧性的原因"。尼采再一次明确强调,跟着索福克勒斯一起——他"建议"改变合唱团被运用的方式——悲剧已经开始步入第一阶段的衰落。对索福克勒斯的描绘从英雄(**第 9 节**)到分解剂的变化,可能被认为是尼采的自我矛盾。但是,只有我们假定,尼采讨论的每一个人物都是单一意义文化倾向的同一种表达,自我矛盾的说法才成立。但是我们从该书第一句话就已知,这种假设是不正确的。尼采的文化发展和历史观是几个力量之间的互动。在他晚期的作品中,这个复杂的模型发展成了尼采著名的"透视主义"(perspectivism),透视主义认为,事物的价值取决于审查它的视角的权力或价值关系。

通过贬低索福克勒斯,尼采为**第 5 段**重新评估苏格拉底做了铺垫,因为索福克勒斯证明,"反酒神的倾向在苏格拉底之前就已经存在了,只是苏格拉底用前所未有的宏大的方式将它表达了出来"。换句话说,如我们所知,苏格拉底的情况不仅仅是一个异常个体的情况,而是自然本能和文化产品的整个异常模式(也是主流模式)。另外,柏拉图式对话——作为有影响力的,甚至是伟大的艺术作品——"不允许我们将他看做是分解性的、负面的力量"。尼采反问,是否"苏格拉底和艺术的关系必须是完全对立的"。正如对索福克勒斯的性格描述也会变化、也有不同的角度一样,苏格拉底也应该如此。这里尼采正在为一个论点铺垫基础,这个论点与后苏格拉底时代的文化问题有关。对尼采来说,苏格拉底的"成就"无法被撤销;人不可能逆转历史而变成埃斯库罗斯。希腊人不是应该被模仿的模型,而是在他们所处的条件下取得优异成就的典范(参见第 3 节)。所以问题应该是,苏格拉底的逻辑动力是否能够再次与艺术动力相结合,是否"艺术的苏格拉底"可以产生。这里的"艺术的苏格拉底",和下一段"制造音乐的苏格拉底",都是在现代性条件下人性与自己重新统一的临时性表述。

尼采在第 6 段提到一个梦境——与警告的声音,前面讨论过的守护灵,非常相似——不断地告诉心怀愧疚的苏格拉底"制造音乐"。尼采将其看作"日神启示",似乎苏格拉底马上会像一个野蛮的国王一样施行亵渎神灵的恶行。(当然,苏格拉底所处的关系如此非希腊,对日神和酒神艺术动力的误解如此深,他的确是一个亵渎神灵的野蛮人。"野蛮人"这个词在整本书中都有使用,意思是"被非艺术动力所控制"。)如果苏格拉底对逻辑自然的界限有任何怀疑的话,那么他梦里的声音所说的话,就是唯一的线索。带着这个想法,我们现在要转回到另一个观点,即批判的辩证法无法掌握它自己的界限、基础和它与本能的关系。尼采以几个反问句作为总结,通过这几个反问句,他讲到,逻辑学家和科学家需要艺术家的洞察力作为"修正"。现代时期的主要任务就变得明了了:用艺术补足科学。如果我们在第一部分还不清楚尼采对希腊文化时期的兴趣将带领我们走向何处,从现在开始,非常明显,这本书的主题是现代生活的困难。苏格拉底是该书的第二个起点,他将带我们走向以瓦格纳的《特里斯坦》为代表的文化产品新范式。

第 15 节

科学是有缺陷的艺术形式;苏格拉底在现代性门前

苏格拉底不仅仅是一个历史事件,而是与艺术动力对立的,一种新的文化动力最清晰的表达,他改变并塑造了之后的历史。苏格拉底文化为未来蒙上了一层阴影。注意这里使用的隐喻。首先,柏拉图的洞穴隐喻这里转到苏格拉底身上。其次,历史被看做白天,晚期现代性是"傍晚",夕阳象征着文化物质的减少。这种类似的隐喻,即个人认为某一时代对应一天的某一时刻,是尼采惯用的写作风格,尼采将这种认知转换成了整个历史的形象[1]。(这里,这个隐喻有点牵强,因为傍晚和影子都是"没有止境的"。)正因为如上一节最后一个"预言性"的问题所示,艺术是对科学"必要的修正",苏格拉底文化要求艺术不断更新——如上所述,这种更新始于苏格拉底被囚禁,始于以柏拉图对话为原型的小说。尼采设想了文化历史中一个几乎能够自我调节的动力生成和修正过程。这样,当代启蒙文化——苏格拉底文化最新、也许是最后一个表达——就会自动地被一个新的艺术文化补足。也因此,所有的艺术都依赖于希腊人。

为了能够清楚地看到这一点,我们必须成为"敬畏真理的个人"且将整个晚期希腊文化遗产囚禁并处以极刑(比喻),就像雅典人对苏格拉底那样——认为它们是与当代文化的健康相对立的东西。(注意这里周期性的动机:我们必须要"体验"并试着克服过去,这是雅典人企图克服未来的镜像。)想要模仿希腊艺术,或甚至只是将自己与之相比,必将失败。希腊人就像充满恶意的乘驾战

103

1　参见,比如《善恶的彼岸》第 296 节;《查拉图斯特拉如是说》中的诗歌"午夜"。

车的人,他们的目的就是整体毁灭。的确,为什么要模仿这样一群"自以为是的小人物"?他们的丰硕文化转瞬即逝,不过是历史的一次事故罢了。然而,历史是无法逆转的;现在的任务不可能是"模仿"希腊人,因为历史时钟不可能往回调。的确,尼采会主张,当代的任务是"重复"希腊发明的悲剧,但是是在我们自己的时代,利用我们拥有的资源。

　　苏格拉底也是这座艺术殿堂无意识的一部分,因为他开创的科学要么本身是一种艺术形式,要么至少不可避免地产生了相关或修正性的艺术。这是论述的一个重要转折。科学与"最深刻的且已是形而上学意义上的"艺术相一致,这就是生存的合理性。像艺术一样,科学被无限地满足于生存,尽管科学通常被幻觉所迷惑,认为生存需要修正,且能够被修正(尼采在讲欧里庇得斯"修正"他的观众时将这一观点解释得最为清晰)。像艺术一样,这种满足感可以抵御悲观主义。悲观主义主要来自于这样的科学探索的徒劳无功。所以,尼采在此坚持用地球的类比:即使人可以一直挖洞挖下去,也只能到达一个不同的表面!因此,科学不断地达到它的极限,必须将自己在无意识的情况下转变成艺术——尼采认为,这就是深层文化动力一直以来的目标。像艺术一样,最终,科学更多关注的是那层面纱,而不是面纱遮住的东西(这是引用了叔本华的摩耶的面纱,在第1节介绍过)。尼采引用了启蒙运动的领导人物莱辛,在莱辛看来,比起揭开面纱的结果,揭开面纱的过程更重要——一个更大的刺激。也是出于第二个原因,科学发现了自身的乐观主义,因为它的成功得到了保障——科学不知道,被揭开面纱的东西是否被真的揭开了面纱(是否科学真正揭示了事物的本质),这一点并不重要。科学和艺术之间最大的差别,就是前者是无意识的。它对自己的行为如此没有意识,以至于苏格拉底科学经常宣称自己是艺术的敌人(比如柏拉图)。相比之下,日神

104

对生存的满足感伴随着、甚至基于一种意识,即这种满足感源自生存的外在特征和美丽的形式。在下一节,尼采会主张,只有通过日神才能真正满足于生存即是外表。

这种乐观使苏格拉底接受基于推理的死亡(没有本能的恐惧)。"垂死的苏格拉底"是所有科学的"纹章盾"(heraldic shield)。苏格拉底文化过分相信表象的真实性。真理被膜拜。因此,在下一个段落,尼采将艺术(广义层面,苏格拉底科学毫无察觉的目标)等同于神话——而神话在书的末尾变成了一个关键概念。这里指的是柏拉图。在很多对话中,当苏格拉底这个人物的辩证推理进入死胡同,就有人讲一个神话故事[1]。尼采的理解是,也许柏拉图还不知情,这不是对辩证法的替代,而恰恰是辩证法的本质和目标。

这些都是尼采批评现代科学偏颇本质的萌芽,这里是第一次应用,在《查拉图斯特拉如是说》和《善恶的彼岸》中得到了全面发展。(也见《自我批评的尝试》)这里也预示着另外一个观点,即科学最终会意识到它自己的认识论基础的不完整性和偶然性,因为它研究本质的方法建立在对自己直觉基础的误解之上。科学与艺术(和宗教)的共同之处恰恰就是直觉基础。这个观点的一个结果就是,尼采企图通过将哲学讨论与艺术元素结合起来,从而扩展哲学讨论的可能性。

这里阐述了苏格拉底作为现代哲学创始人的观点。在他之后,"一个哲学学派接着另一个,就像一层层波浪一样"。自从苏格拉底时代以来,我们取得了高水平的知识普及,不光是跨越地域,也跨越了原本分离的学科。因此,即使是道德、美德和情感现象也都可以从辩证推理的角度学习,因此也是"可教授的"(回想一下欧

105

---

1 比如,*Phaedo*, trans. G. M. A. Grube. Indianapolis, IN: Hackett, 1977, 描述苏格拉底行刑前。

里庇得斯和他的观众）。因此，"人们不得不承认，苏格拉底就是所谓世界历史的转折点和漩涡中心"。尼采认为，构建这个全球启蒙项目吸收了大部分的人类能量，这些能量，如果被允许自由漫游的话，也许会引起地狱般的后果，带来"因为怜悯而进行屠杀的恐怖伦理"。不过，像艺术一样，科学的目的也是抵御破坏的冲动，这种冲动也是生命的一部分。科学是升华的工具。

　　苏格拉底教授"希腊静谧的一种新形式"，与尼采在书的开篇章节中分析的希腊欢快形成对比。它想在行动中（生存的修正）释放能量，而且是新的苏格拉底天才的助产士[1]。注意这里使用的苏格拉底洞察力之"网"的隐喻，这个"网"旨在包括所有的表象，且编织得"细针密缕，无法穿透"。这个概念是面纱的变形，有两个新意思：其一，捕获并保持。这是苏格拉底的普遍倾向。所有的事情都被包含在辩证法之下；所有的事情都可以被理解也会被理解。其二，在这件事上，问题不是找到或者移除面纱，而是开始制造一个面纱，打着真理的幌子，来创造一个更完美的"修正过"的表象[2]。面纱是一种艺术，尼采在本节最后一段提醒我们。但是它是误解了并滥用了艺术动力的艺术，它不知自己的界限，还乐观地朝着自己的界限奔跑。的确，这已经发生了；一个"高贵的且有天赋的"科学家会一直追求一个问题，直到他发现问题和追求本身实际上都是不切实际的。科学圈，尽管包含无穷数量的点，与包含它且决定它的"太一"相比，还是有限的，"太一"也证明科学圈的圆心（辩证推理）不是真正的真理之起源，而是文化产品的一种武断模式。只有到了康德和叔本华的启蒙运动后期，科学本身才成为科学知识

106

1　参见《会饮篇》。

2　对科学及其研究的世界之间的关系，在20世纪的思潮中又重新出现，比如 Hei-
degger 'The Question Concerning Technology' in David Farrell Krell（ed.）, *Basic Writings*, San Francisco, CA：Harper, 1993.

的一个客体(参见**第** 18 **节**)。然后,"逻辑开始围着自己打转,最后咬了自己的尾巴":知识辨识出它自己可能性的圈子[1]。在《悲剧的诞生》中,知识圈的完成,意味着知识开始变得能够了解自己;而这就有了悲剧色彩。这实际上是同样的知识,即悲剧的目的就是在象征形式的保护之下显示出来。悲剧知识需要艺术,仅仅是为了忍受痛苦。尼采认为这种挑战自己极限的现代性是悲剧文化,悲剧代表了瓦解的文化范式的历史水平,它们的坍塌不仅再次显示了事物的真实本质,也需要悲剧艺术。

现在《悲剧的诞生》正站在"通向现在和未来的大门前",希腊已经是它身后之物了。这里我们遇到了另一套尼采后来经常使用的隐喻:比如"门"和"通道"便是《查拉图斯特拉如是说》里面重要的形象[2]。此时《悲剧的诞生》的论断开始改变,从原来的用古典文献学和历史人类学方法进行研究,变成了一场革命性的论战,公开表达的目标就是介入当下文化—政治问题。确切的说,苏格拉底科学一直以来都只能在艺术中全面实现自己,但总是作为一种较低的形式,这是由它无意识的盲目(没有洞察力)所决定的。但是尼采的当代文化景象却不同:它正处在危机之中,而且因为科学的界限已经变成科学的一部分,之前那种明显的盲目也就不可能了。像席勒和克莱斯特一样,尼采这里也正经历着他自己的康德危机。是否会出现一种艺术(著名的制造音乐的苏格拉底的形象),能够安慰并治愈这一当代的生命形式,这一悲观、毫无根基、

---

1 作为象征,"ouroboros"(咬尾巴的蛇)指的要么是自我反省、内省(因此,比如它被用在了 1812 年著名的康德画像上),要么是周期往复(比如后期尼采的永恒轮回概念,参见《查拉图斯特拉如是说》第三部分,第二节,"论幻觉与谜"2,p.137)。

2 比如,进入永恒轮回的大门,参见"论幻觉与谜"2,p.136。通过三个时间域而得到革命性转变的想法,是尼采最吸引人的概念之一。在这个模型中,当下就是转折点,零时或者正午时分(亦或午夜),在这一时刻,过去将被转换成未来。

如此蛮荒的形式？我们试着理解这个挣扎，但是"哇！这些挣扎是如此神奇，看到他们的人必须参与其中！"[1]尼采在这里设想的这种参与形式非常像他给希腊古典悲剧中合唱团定义的角色：旁观者被带到舞台上进入悲剧团体（**第7节**）。一个有趣的现象是，尼采从古代悲剧模型中衍生出对当代政治改革的观点。

107

第 16 节

现代乐剧美学。注：尼采，音乐和风格

这一节标志着我们可以称之为尼采的现代艺术美学，尤其是他的音乐理论的开始。这个现代艺术理论构成了《悲剧的诞生》整体成就的一个重要部分，余下的十个章节几乎都在探讨这个话题。新美学的一个关键特征就是，书中第一部分的悲剧美学被重铸，以神话和音乐概念为稳固的核心，这一点在意料之中，但之前没有完全实现（比如**第10节**）[2]。尼采说，音乐"精神本身"就"可以诞生出悲剧"。现在介绍了"悲剧的重生"这一词组。对悲剧重生条件的考察决定了《悲剧的诞生》一书余下章节的内容。尼采打算"命名那些在我看来保证了悲剧重生的力量——以及德国性格的其他令人喜悦的希望"。

尼采重新概括了日神和酒神象征的两个动力之间竞争关系的本质——强调追踪美学现象的结果发现，不只一个原则，而是两个。两个恰当的艺术动力或力量，我们应该强调，因为之前的章节说得很清楚，还有其他的动力，包括苏格拉底科学动力，它与艺术

---

1   见**前言**里，对艺术家和哲学家地位的讨论。
2   神话的重要性越来越大，这与"象征"一词使用的频率大大降低有关。语言的灵活性创造出一种策略性的时代错误之感："象征"像是用于描述古代希腊的当代理论概念，而神话一词在现代社会中则听起来非常古老。

动力互动,经常带有敌意,来构成整体文化景象。尼采随后也概括
了对叔本华和瓦格纳的引用,好像要感谢他们给予了他"所掌握的
魔力"才写出了这部书。注意尼采对物理形式这一概念的解释:日
神关注物理本质(表象);酒神关注形而上学现实。瓦格纳批评美
学,认为美学用前者(美丽的形式)的标准衡量后者(音乐)的艺术。
尼采写的却是哲学;因此,他必须运用"魔力"来把最初的问题以
"肉体"(corporeally)形式带到他的灵魂面前——即,作为一种形
式。这可以跟**第8节**对诗歌"形象"的解释进行对比。将形式前置
比传统美学更有效果,因为就像苏格拉底科学一样,传统美学对
"影子戏"就已经很满足了。这里的观点是,就方法论而言,尼采必
须重新确立现在讨论的主题的形而上学意义。因此,尼采对"美学
科学"(在**第1节**开始就有提到)所做的一个贡献就是,科学不仅
被给予了新的内容,而且必须用酒神术语而不是苏格拉底术语
处理。

108

注:尼采,音乐和风格

我们已经注意到叔本华的总体形而上学理论对尼采的影
响,以及这与悲剧概念的关系。这一节中的新内容是现代音乐
的美学问题本身。主要观点是音乐直接表达意志("太一")背
后的现实,它不是意志的表象、形象或概念[1]。这一论断渗透到
《悲剧的诞生》全书的论证中,是尼采的语言及表达哲学(参见
第8节,注:尼采的语言哲学)的基础之一,还是一把衡量的标
尺,不仅衡量尼采对其他不那么有效的模仿形式的批评,也是他
自己的哲学的认识论和道德约束。尼采恰当地将叔本华对音乐

---

[1] 这里把"darstellen"翻译成"express"(表达;动词),有其理论内涵,其他地方把
    "Ausdrücke"翻译成"expressions"(表现、表达;名词);由于明显的原因,这里都
    不能翻译成"represents"或者"representations"。

的定义"对意志的直接拷贝"转化成他对自己的要求(我们不要忘了尼采是有当作曲家的野心的)。尼采努力弃置叔本华的悲观主义并以"一种新形式"表达他对生命的肯定,这使他超越了传统的哲学语言(参见《自我批评的尝试》)。颇为矛盾的是,这种努力本身源自叔本华。尼采太受这位模范的影响,以至于超越成了一种痛苦的挣扎,瓦格纳也是如此。

在《悲剧的诞生》第二部分,尼采承认了这种新的写作手法的模型源自瓦格纳,确切的说,是瓦格纳的歌剧《特里斯坦与伊索尔德》(Tristan and Isolde)。这是瓦格纳最具音乐创新性的高端作品之一,它帮助开启了音乐作曲领域的现代性变革。尼采最喜欢的音乐手法之一,就是瓦格纳的"主导动机"(Leitmotiv)思想,尼采将其转化成了一种语言表达手段。实际上,船/海/舵手主题就是从歌剧的主导动机中拿出来直接应用到文本上的。源自神话的光明/黑暗隐喻是另外一个例子,面纱、薄纱、网、布料等形象也是。主导动机手法使瓦格纳能够很好地组织多维的音乐结构。如在歌剧音乐中一样,尼采文本中的主导主题也会在论述中的不同策略时刻出现,在论述转换的时候,通过形成可辨识的意义标志,给予它隐喻和结构上的支持。

《特里斯坦》的另一个关键音乐元素是和谐地杂合在一起的单个半音和弦。这个和弦在文献中被命名为**特里斯坦和弦**,并被很多音乐作品虔诚的引用,这些作品都是现代性运动的核心宣言(比如,阿诺德·勋伯格的《三首钢琴小品》,Op.11,1909;阿尔班·贝尔格的《抒情组曲》,1926)。因此,尼采在把瓦格纳歌剧提高到新时代的美学—哲学范式的地位之后,对瓦格纳的音乐更加倾耳拭目[1]。1906 年勋伯格的《第一号室内乐交响曲》开启了一系列作曲实验，产生了"自由无调性"（free atonality）和十二音序列音乐（serial twelve-tone composition）。《特里斯坦》的发展建立在这个和声无法解决的和弦上，这个特征是整部歌剧的极简主义和声的象征：由这一颗音乐的种子滋生出歌剧庞大的和声及戏剧结构。由不协和音到协和音的解决被一次又一次的不协和音拖延。特里斯坦和弦是这样构成的：它有两个不协和音。在每一次解决的时候，只有一个不协和音得到解决，另外一个不协和音仍存在。在持续四个小时的歌剧中，通过不让听众完全放松，瓦格纳成功地累积了听众对协和音的欲望，在这对非法情人（两个不协和音）的爱意达到高潮时，将其悲剧性的毁灭，从而从音乐的角度，提高了感官冲击。以这种方式，瓦格纳不仅将悲剧带到新的音乐领域，从而重新振兴了悲剧，他的歌剧也将哲学观点表达成了音乐，在《特里斯坦》中，渴望被直接翻译成音乐形式：渴望得到了音乐表达。

特里斯特和弦对待不协和音的方式不同于之前从古典（比如维也纳乐派第一批成员：海顿，莫扎特和贝多芬）和浪漫主义音乐，一直到勃拉姆斯和布鲁克纳的音乐。在传统上，不协和音是描绘特殊极端时刻所运用的音乐手法，不管是在音乐上还是非音乐领域（比如心理学）。比如，莫扎特的《C 大调第十九号

1　参见 Georges Liébert, *Nietzsche and Music*, Chicago, IL：University of Chicago Press, 2004；Brian McGee, *The Tristan Chord：Wagner and Philosophy*, Holt, 2002；另见 1996 年特刊 *New Nietzsche Studies*, ed.Babich and Allison, New York：Fordham University Press, 1996. Thomas Mann, *Doctor Faustus：The Life of the German Composer Adrian Leverkuhn, as Told by a Friend*, New York：Modern Library, 1966。小说里关于音乐理论的内容来自阿多诺的《现代音乐哲学》，包括对不协和音的长篇讨论。参见 James Schmidt, 'Mephistopheles in Hollywood', in *Cambridge Companion to Adorno*, Cambridge：Cambridge University Press, 2004.

110   弦乐四重奏》KV465(1785),献给海顿的六首之中最后一首,就
被命名为《不协和音四重奏》,因为第一乐章中 C 大调这个基调
是在漫长而缓慢的引子(22 小节)之后才到来的,这个引子完全
建立在和声冲突和并置之上,并极为痛苦地缓慢流向主调上的
和声平衡。古典传统认为不协和音是一种作曲手段,主要用来
制衡协和音必然产生的稳定性,"大量使用半音"来"搅动协和
音的稳定感,而这种稳定感不管怎样,还是存在于基本和声结构
的表面"[1]。在瓦格纳之前,很多音乐作品就已经运用了不协和
音,比如,勃拉姆斯或布鲁克纳(尤其是布鲁克纳《第九交响曲》
的第三乐章),甚至马勒一直到《第八交响曲》都在大量使用不
协和音,但它们的作用仍是作为对比或作为一种延迟手段。阿
多诺在评价马勒时所谓的"突破"最后必然会发生[2];到最后一
定会回到和声的稳定,不管是否有不协和音的存在。瓦格纳的
特里斯坦和弦明显不同,因为它将不协和音本身变成了音乐活
动的中心。从这开始,古典和浪漫主义音乐中的和声大厦变得
摇摇欲坠。大家开始寻找更广泛的音乐表达手法,首先,基于半
音的使用,能够突破固定调性的局限,然后再到新的"不协和"
作曲原则,比如勋伯格的十二音技巧。

尼采想将瓦格纳的音乐思想用在构建文本上,将瓦格纳的
新的旋律和和声原则翻译成具有美学共鸣的哲学批评新风格。
与瓦格纳的歌剧实验相对应,我们可以将尼采的风格称为"半
音"风格:它利用部分思想(主导主题)的冲突和蒙太奇,排列重
组,不断进入新的联合体,经术语和形象组成句子、段落和更长

---

1   参见 Charles Rosen, *The Classical Style. Haydn, Mozart, Beethoven*, London: Faber and
Faber, 1997, p.348.

2   参见 Theodor Wiesengrund Adorno, *Mahler: A Musical Physiognomy*, Chicago, IL:
Chicago University Press, 1996, p.7.

的写作单元[1]。文本风格特点的秘密在于文本具有的张力,这是通过使用重复引起(思想、主题、术语等的)变化而做到的。相比于平铺直叙,思想的发展发生于意义和角度的轻微变化,这样论述才会形成一条长长的、"波浪起伏的线"(参见尼采对瓦格纳旋律线的描述,**第21节**),而主导主题时不时重复出现,以作为意义的基准。正是在这一写作风格之下,我们不会看到对一个论题一步步地展开讨论,相反,文本铺设了各个论证元素之间的"一张复杂的关系网"(达尔文语):"是上下运动的织布机正在织制的薄纱"(尼采这里指《特里斯坦》,参见**第21节**)。正如瓦格纳无限拖延《特里斯坦》的和声解决,尼采也采取了同样的策略,直到最后一刻才为他构建的矛盾提供逻辑解决。颇具讽刺的是,尼采最后将不协和音归为一类美学特征,且讨论了它的人类学意义(参见**第25节**),以此作为《悲剧的诞生》的论点的最终"解决"。因此,他的第一本著作是以膜拜瓦格纳乐剧的艺术手段作为结束,瓦格纳以不协和音作为乐剧的开始,并在不协和音中铺设了漫长的悲剧情节。因此,《悲剧的诞生》可以被理解成一部彻底的瓦格纳风格的文本。使用半音,拖延不协和音的解决是两种媒介(乐剧和文本)都运用的主要风格特点。尼采在《悲剧的诞生》出版之后,曾催发一本给瓦格纳,科茜玛·瓦格纳(Cosima Wagner)在写给尼采的感谢信中说,她认为这本书所激起的效果只有"大师"(master)才能制造出来[2]。尼采会在**第21节**和**第24节**继续讨论瓦格纳的作曲。

*   *   *

1　参见《酒神的世界观》最后一节对"词语顺序"的讨论。
2　参见作者翻译的 *Zeit-und Lebenstafel*, Nietzsche Werke, ed. Karl Schlechta, Munich：Hanser, 1956, vol III, pp.1361-64.

　　为了讨论现代音乐的一个特定的美学特性,尼采在下面这个问句中,重新抛出了日神和酒神在悲剧中暂时合作的这一希腊问题:"音乐是如何与形象和概念关联的?"为了回答这个问题,尼采首先验证了叔本华音乐理论的细节,引用了《作为意志和表象的世界》中非常长的一个段落。尼采引用叔本华的另一个重要原因是两个动力的混合这一方面。这里,尼采从叔本华的第二个大论点中找到了灵感,第一个论点是,音乐通过直观的类比现象的"内在精神"来解释物理现象的世界。音乐是普适语言,不是抽象概念意义上的普适,而是因为它表达了深层意志的"最核心"的东西。如果音乐是直接的、直观的类比,那么它就是真正具有表达性的,不像诗歌中或概念里特定事物或行为的某种深沉的形象。后者是对相同的"核心"经过高度调和,甚至是武断的体现。因此,叔本华提议,如果一首乐曲是基于"有意通过概念手段而进行的模仿",则可判断它是不成功的。

　　音乐可以用两种方式体现"任何现象的物自体":叔本华区分了无标题音乐——他给出的例子是交响乐,它不具有表达性,但却有无限种理解的可能性——和"应用性"或"具体"音乐('applied' or 'concrete' music)。可以将音乐谱曲的普适性与某一"感知表达"的具体体现结合起来,比如一首诗,因为"二者是对同一世界的内在本质的不同表达"。这一区分对尼采对乐剧的理解至关重要,我们会看到,尼采认为乐剧本质上是混杂的、反交响乐的。以上述意义应用的音乐,将特定的"人类生命的个体图像[……]设定到音乐的普适语言里"。叔本华这里指的是各种非交响乐的形式,比如在音乐里掺杂诗歌、芭蕾或歌剧,这种结合两种元素的音乐形式。尼采后面会回来讨论音乐形式和体裁的不同(从**第19节**开始)。

　　尼采现在拿叔本华的音乐的美学原则与他自己的艺术动力系统相比。酒神是对意志最直接的形而上学表达。任何相关的"形

112

象或概念""其重要性都被提高了"。以这种方式得到提高的形象
和概念,尼采将之定义为"神话"。换句话说,形象和概念——本身
不过是表象或表象的抽象形式——可以通过音乐的影响被提高到
与直接表达相近的水平。这就是尼采所谓的象征。以与作曲家不
同的方式,诗人和诗性哲学家,如果接受音乐性,也能在某种程度
上获得"相同的世界的内在本质"。这就是现代歌剧的理论基础,
即音乐本身与神话相结合的混杂形式;这也是一种新的哲学写作
形式的基础。

　　有趣的是,尼采没有花费任何时间讨论无标题音乐(如交响
乐)。跟叔本华一样,尼采对与其他的、基于表象的艺术形式结合
的音乐比较感兴趣。他喜欢现代混杂的音乐形式,尤其是歌剧这
种混合媒介。这是因为,首先,它的目的就是用一个合适的现代音
乐美学来支持瓦格纳歌剧。另外,作为年轻哲学家,他认为自己同
时还是作曲家和诗人,对音乐混杂形式非常狂热。尼采这里指向
他之前对抒情诗人的讨论(阿尔齐洛科斯,**第 6 节**)。抒情诗预见
到悲剧,因为它通过音乐和日神形象成功表达了一些酒神智慧。
先前的分析因此能够支持对象征性的酒神智慧的新解释。

　　我们可以看到,尼采在发展他的象征理论,如**第 1 节**和**第 3 节**
提到的,他的做法是使象征再次担当重任,通过神话将其作为现代
美学理论的一个奠基石,这一创举影响了海德格尔、新康德主义
(卡西尔[Cassirer])、法兰克福学派(阿多诺,克拉考尔[Kracauer],
本雅明)、现代主义及之后的美学理论。(参见**第 4 章,接受与影
响**)。尼采根据叔本华的"感知表达"(perceptive expression)重新调
整了象征概念,他现在认为,象征是直观的形象或艺术语言中具体
的物质体现,直观将事物的表象体现为对"世界的内在本质"的描
绘。尼采认为,象征概念允许我们理解为何观众观看悲剧时会感
到愉悦(参见特别是**第 8 节**)。悲剧中个体的毁灭是一个象征性的

载体,使我们看到不可毁灭的意志。这一节以另一个跟日神有关的对比结束。日神满足于美丽的外表,而这外表"在某种意义上就是一个谎言"。但是酒神却有一个"真实的、不加掩饰的声音",它说:"像我一样吧!"这个要求很重要,酒神不仅是形而上学的真理、体验或感觉——它是一种生存方式,是长久以来被忽略了的人类可能性。

114

第17节

神话之死即悲剧之死

　　这一节尼采简要地回顾了希腊文化中的悲剧之死,以此例证他的现代悲剧和音乐美学,主要是神话方面[1]。这一节开篇对酒神动机的描述可谓最清晰、最爽快,也最漂亮。出于生存的欲望,我们必须不断地创造并毁灭表象形式。("表象"这里有双重责任:被日神赞美的美丽形象;尤其是科学的真正客体所采用的外表。)这同时也使"生存中的不可比拟的、原始的愉悦"和形而上学式慰藉(所有艺术的本质)成为必要。"恐惧和同情"指的是亚里士多德的《诗学》[2],因此也就谈到了为什么观众观看悲剧时会感到愉悦的

1　对神话在德国文化理论(一直到尼采)中的作用,非常有用的概述,参见 George S. Williamson, *The Longing for Myth in Germany: Religion and Aesthetic Culture from Romanticism to Nietzsche*, Chicago, IL: Chicago University Press, 2004. 需要注意,尼采并不是第一个思考知识问题或神话的文化可能性的人。跟很多人类学家一样,还有两个例子对尼采有影响:《德国唯心主义走向系统的最老的项目》(the 'Oldset Program towards a System in German Idealism'),这是 1790 年代的一个文本片段,通常认为是黑格尔所著,这里讲到振兴神话,但要符合推理(参见翻译及评论:David Farrell Krell, *The Tragic Absolute. German Idealism and the Languishing of God*, Bloomington, IN: Indiana University Press, 2005);另见 Schelling's 1842 *Historical-Critical Introduction to the Philosophy of Mythology*, trans. Mason Richey and Marcus Zisselsberger, Albany, NY: State University of New York Press, 2008.

2　《诗学》49b25-27.

问题(尼采相信他最终解决了这个问题)。

第 2 段回到神话,希腊人表演神话,但却从未真正理解神话
(希腊人是"永恒的孩童",不知道他们在做什么——甚至,尤其是
从索福克勒斯开始,自称知道自己在做什么的希腊人),而现代美
学也从未真正理解神话。在古代和近代悲剧中,"神话显然没有被
话语充分的客体化"。尼采引用了莎士比亚的《哈姆雷特》,他"说
的话比他做的事还要肤浅"。尼采介绍了希腊悲剧(虽然现在是以
现代乐剧的视角来看待)中重要的音乐元素,他承认,对于音乐,我
们只能猜测。古代悲剧留下的只有台词;这诱使我们忘记了古代
剧作家也是(首先是)音乐家[1]。只有对形象、音乐、结构,对整个
艺术品的层次进行深思,神话真实的意义才会显现。这"几乎"可
以"通过学术手段"完成,但显然学术手段还不够,这是在简要地概
括一个事实,即尼采提出的不仅仅是一个新的美学理论,也是美学
探究的一个新方法,这个理论和方法被重新设计成文化人类学,具
有美感是它的条件。所有这些意味着,在用音乐重新创造悲剧神
话的可能性方面,现代人的意识超过了希腊人。

尼采讲述了悲剧发展过程中一个明显的历史断层。在悲剧没
落以后——在两个段落之后他评价诗歌的时候说的,他们变得"无
家可归"之后——音乐精神和酒神世界观怎么样了? 如果这些文
化现象依赖于"普适的"艺术动力,那么这些动力在他们被压制的
时期,是否会以某种方式表达自己呢? 尼采说,至少酒神藏身于基
督教中世纪的神秘主义和神秘剧之中。(回顾一下第 13 节末尾关

115

---

[1] 从这些话语里,可以看出尼采的文献学良知。如果缺失历史资料,他不会妄自
猜测。他熟知古代音乐理论与实践。证据就是尼采的私人图书馆中藏有一本
非常详细的、学术主题的论著,Rudolph Westphal, *Geschichte der alten und mittelalter-
lichen Musik*(History of Ancient and Medieval Music),Breslau:Leuckart,1865,尼采
对这本书做了非常详细的注解。书架号 C216,尼采,安娜-阿玛丽亚公爵夫人
图书馆,魏玛。

于神秘主义的评论。)酒神世界观偶尔"吸引更严肃的本质",尼采表达了他的希望,即某一天它可能会作为"从神秘的深处"——也就是,从它被忽略并被误解为"仅仅"是神秘主义——而来的艺术,重新出现。对世界的理论性观点和悲剧性观点之间"永恒的挣扎",只有在前者意识到它的界限之时,才能允许悲剧的重生——这是下一节的主题。

本节剩余部分讨论了悲剧死亡时期的三个主要特征,从神话概念的角度,相比之前更详细地解释了这些特征。这些段落与**第12节**对欧里庇得斯的创新的讨论有所重叠,读者可以将两节内容一起阅读。三个特征中的第一个就是"新阿提卡颂神剧"(与"原始的"合唱团的"酒神颂歌"不同),这个音乐和填词形式取代了埃斯库罗斯和索福克勒斯的伟大悲剧,欧里庇得斯用这个形式"使它自由"。这里,音乐"不再表达内在本质、意志本身,而仅仅是不充分地复制表象"。这就是叔本华所谓的"模仿性音乐"。尼采认为这个新的颂神戏剧就是"音画"[1]。这"使现象世界比它实际上还要贫乏"——这个论断在本质上与柏拉图在《理想国》里面对诗歌所做的论断一样。对比来看,酒神音乐"丰富并扩展个体现象,将它变成一幅世界图像"——即,它创造的神话是象征性启示最重要的例子和载体。另外一个受"非酒神精神"攻击的领域是从索福克勒斯以来,逐渐被引入到悲剧中的"心理刻画"。(再次提醒大家注意,索福克勒斯既是悲剧发展的高峰,也是悲剧没落的开始。)心理

---

[1]   例子可能是贝多芬《第六交响曲》中的暴风雨片段,或者罗西尼的《塞尔维亚的理发师》。但是,也许尼采已经知道了"音画"和"音诗或交响诗"的区别,后者常见于19世纪及20世纪早期的欧洲音乐,是柏辽兹的交响乐形式实验的结果;李斯特在很多方面都是瓦格纳的音乐导师,他擅长《浮士德交响曲》、《奥菲斯》、《塔索》这类作品的体裁;施特劳斯可能更熟悉《查拉图斯特拉如是说》的体裁;勋伯格和巴托克继承了这个传统。尼采也有三首交响诗。参见 Janz, *Zugänge*, p.19。

刻画是指性格描写中的心理现实主义。在尼采看来,很明显,亚里士多德心里所想的"普适性"是指概念的普适性,而不是神话象征符号的普适性[1]。在欧里庇得斯和新阿提卡喜剧中,人物丧失了他们"被扩展成一个永恒的类型"的能力。他们套用了某个单一心理类型的性格特征。

116

最后,尼采审视了悲剧结局的变化,其从提供"形而上学式慰藉"(尼采认为索福克勒斯的《俄狄浦斯在科罗诺斯》这种形式最"纯"),变化到暗示"悲剧的不协和音得到了尘世的解决"。本节第一段的主题重新回到"形而上学式慰藉"。尘世的解决意味着这一解决发生在与痛苦同样的形而上学层面(像理论性文化理解它的方式一样被理解成了表象)。后期悲剧里的所有东西都在表面上,都属于当下顾虑的领域;英雄现在"以美好的婚姻,或被神尊敬的形式,收到他应得的奖励"。这一节以"希腊欢快"或"静谧"(第9节的主题),这朵用美丽熏香了整个深渊的"日神之花",和一个"老迈且无创造力的"新形式(在第11节介绍过)之间的对比作为结束。对于后者,一些形式比其他形式更"高贵",而"理论人"的欢快是最高贵的。尼采这里的高贵显然是指,理论人并不是纯粹的低劣、堕落或愚蠢;也不完全对存在的沉重一无所知(参见第18节第1段);他毕竟还是有能力获得一些成就的,因此不完全"毫无创造力"。(尼采这里可能影射基督教卑鄙的一面。)理论人在这个意义上的相对高贵性在第14节、15节讨论苏格拉底的时候也有提到。尼采在结尾提醒我们,不管怎样,这种相对高贵的欢快本质上还是反酒神的。

---

1 参见亚里士多德《诗学》54a16ff.

第 18 节

苏格拉底的现代危机。注：论教化

　　这一节阐释尼采的现代性理论。尼采在其职业之初,使用的"现代"概念缺乏精确的定义。他后来对这个概念进行了解释,主要是在《善恶的彼岸》和《道德的谱系》里。虽然下一节里可以看到雅各布·布克哈特《意大利文艺复兴时期的文化》(*Civilisation of Renaissance in Italy*)的影响[1],但总体上尼采对现代时期的概念没有受当代辩论的很大影响,尤其是从中世纪向十四、十五世纪意大利文艺复兴文化进行过渡的现代时期早期的一些问题。对尼采而言,《悲剧的诞生》中的"现代人"并不主要附属于从文艺复兴时期开始的现代历史,而是附属于从公元前就统治了西方历史的苏格拉底或亚历山大文化。在这个意义上,"现代性"开始得非常早。尼采也在另外两个意义上使用了现代概念:偶尔它会包括魏玛古典主义(席勒和歌德),德国唯心主义(康德),以及音乐和文学领域的古典和浪漫主义时期(贝多芬);但是尼采赋予"现代"的最关键的意义,是指一系列特殊的情况,这些情况标志着尼采所处的 19 世纪德国和欧洲的当代文化条件:这最近的时代呈现出严重的危机和新希望的可能性,叔本华尤其是瓦格纳都证明了这一点。

　　我们越是深入阅读《悲剧的诞生》,越会意识到,它对文化理论的总体原则来于现代文化的当下现实情况。从这一节的角度来看,书中讲述希腊文化的第一部分就有了新的相关性,体现在两个方面:第一,它为第二部分论述当代文化铺设了历史和理论条件;

1　参见 Jacob Burckhardt, *Civilisation of Renaissance in Italy*, trans. S. G. C. Middlemore, London: Penguin Classics, 1990.

第二,它是尼采轮回模型(cyclinical model)的第一部分,现在看来很明显,周期模型的构建就是《悲剧的诞生》最主要的理论目标。因此,这本书以现代历史理论为课题,它所包含的原则源自对直接的历史现状的评估。因此,它为历史学的方法论变革铺平了道路,因为它意识到,研究历史不能将历史对当代现状的特定影响分离开来[1]。这样,《悲剧的诞生》设定了尼采反历史批评的理论基础,直接针对自兰克(Ranke)以来的"基于史料的"实证主义德国历史学派。

尼采在这一节提出了现代大众文化理论,但是这个理论东拉西扯,还自相矛盾,因为主导的启蒙运动的求知范式已经被削弱了,且正在衰落,而新的文化范式还没有产生。(在后期的作品中,尼采将这个状况诊断为虚无主义。)尼采认为,现代文化作为当代文化有三个特征:首先,它是来自不同源头的共存文化的混杂形式。这意味着,第二,当代文化有"断裂"的痕迹。"行动人"取代了理论人;艺术家又开始上升,并为削弱启蒙运动文化的理性基础贡献他的一份力量;另外,社会领域的阶级对立出现了:分裂出了"高贵本性"和"奴隶阶级";大众文化威胁着传统的高端文化形式;理论人不能继续维持他的协调控制。因此,第三,当代文化变得"不合法",因为迄今为止无所不能的启蒙运动乐观主义的动力现在被自我意识和自我怀疑削弱了;一个信念正在慢慢扩张,即深究到历史根源,所有的文化都建立在幻觉和偏见之上[2]。

尼采的现代性概念与当代杂合概念密不可分,杂合也是解释希腊悲剧的一个关键概念。尼采在当代社会领域的外表中、在现

1　从威廉·狄尔泰开始,这个概念就是哲学"诠释学"的构成元素。参见 Hans-Georg Gadamer, *Truth and Method*, London: Continuum, 2006.

2　这里将尼采认为是"现代"的第三类元素与20世纪"后现代"的概念等同,应该会比较有利(参见第4章,接受与影响)。

代艺术如小说(参见**第 14 节**)和歌剧(参见**下一节**)中,尤其是瓦格纳的歌剧中(**第 21 节**)都发现了这种杂合形式。当杂合形式达到艺术动力的目标时,它就是成功的;而当它为苏格拉底服务时,它就是失败的。在艺术领域,小说和早期歌剧都是合成的美学形式,尼采反对这些形式,认为它们代表了一种错误的混合形式。但是,在"乐剧"(参见**第 21 节**)这个名头下,瓦格纳的歌剧类型代表了一种可接受的、令人满意的艺术混合形式。尼采对于由不同文化元素合成的现代性并没有全心全意的拥护,不论这样做的弊端是什么,值得注意的是,都不能认为这是尼采企图回到整个社会或文化的有机和谐状态,虽然在《悲剧的诞生》中尼采偶尔会对"德国国民性格"的重新出现报以很大的期望。他的文化历史理论本质上依赖的就是"断裂"、过渡性发展状态和不完整的过程。这是现代性的早期理论,这个理论在本质上不同于德国唯心主义和浪漫主义传统的规定性古典主义,也不同于尼采和瓦格纳后期的"追随者"们倡导的回归理想国乌托邦,比如休斯顿·斯图尔特·张伯伦的《十九世纪之基础》[1],或奥斯瓦尔德·斯宾格勒的《西方的没落》[2]。《悲剧的诞生》标志着尼采对现代性以及德国现代文化理论——它最终被演化成(比如本雅明或阿多诺的)现代美学理论——独树一帜的、越来越精细的开端。

这一节继续深化上一节提到的"亚历山大"文化的概念,并以此细分目前的混合文化。最重要的三个文化动力(以日神、苏格拉底和酒神为代表)将自身客体化为艺术文化、苏格拉底文化和悲剧文化;以历史命名,他们现在分别被称为希腊文化、亚历山大文化

1　参见 Houston Stewart Chamberlain, *The Foundations of the 19th Century*, trans. John Lees, New York: Adamant Media Corporation, 2003.

2　参见 Oswald Spengler, *The Decline of the West*, trans. Charles Francis Atkinson, abridged, Oxford: Oxford University Press, 1991.

和佛教文化。这还没有算其他更普遍的动力和文化类型,这里的普遍的意义是更频繁,同时也是与那些"高贵"文化形成对比。作为文化类型,这三种都是"幻觉"——即,他们创造形式,而这些形式,永远只是其背后的意志的客体化。同样,为了服务"贪婪的意志",他们以某种方式鼓励人们生活"还要继续",尽管作为高贵的个体,我们可能已经瞥见了"存在的沉重"。重要的是,尼采好像认为这些文化形式一直是共存的。因此,我们的不纯净的、混合的文化形式是一种恶化的状态,而不是一种全新的东西。

注意,尼采喜欢用"亚历山大"文化来命名广义的苏格拉底文化;广义即,不仅是一般意义上的科学,而且是具有类似形而上学基础的任何形式的文化产品。对尼采而言,最主要的例子就是歌剧和教育,他会在下面两节分别讨论。"亚历山大"这个词可以在两个方面解释现代性的特征:首先,它代表竞争文化根源和冲突特征的混合,这是最近的现代时期的特点。在这个意义上,近现代时期可比拟为亚历山大大帝战后产生的混合文化。这个词的第二个意义是,它引入了亚历山大图书馆的概念。我们现代人是生命这个图书馆的馆员,我们的感官已经弱化,我们忽略了生命的实质,只是枯燥地为生命曾经的表现编制目录。后一点可能暗指启蒙运动中编制百科全书的项目 [1]。有两个有趣的地方。首先,"高贵"这个词。尼采在这里开始构建"高贵本性"这个概念,这是他后期作品中的核心元素。另一个相关的地方是将悲剧与佛教联系起来。这在**第 21 节**有更详细的解释。尼采用他所偏爱的非基督教的宗教形式来塑造他的想法。另一个类似的例子是《查拉图斯特拉如是说》里面的伪琐罗亚斯德教(faux-Zoroastroism)。重生这个概念本身,虽然是从这衍生开来的,在后期作品中是从米什莱和布

120

1　参见《不合时宜的沉思》中"古文物研究"概念,p.67。

克哈特发起的关于文艺复兴的辩论而来，但在这第一本作品中，就已经决定要包括超历史的佛教这一信念。

歌德对尼采的重要性在这一节变得明了。像康德通过哲学批评达到的成就一样，歌德激进地挑战了某些启蒙运动智识前提的有效性。康德展示了看似绝对真理的空间、时间和因果关系，实际上依赖于人的思考，歌德对人类探索知识这一行为本身的有效性提出质疑。歌德的《浮士德》使我们意识到，因为意识到自己的界限，现代人的时代已经走向终结。（注意这里大海、航行和海岸这个主题。）界限意识这个主题至少在**第 14 节**就开始讨论了。歌德也使尼采开始崇拜拿破仑，与他同代的很多欧洲人都有同样的拿破仑崇拜，比如托马斯·卡莱尔，还有他的美国模范拉尔夫·沃尔多·爱默生。尼采把拿破仑这个"行动人"，加入到他的代表思想的历史人物肖像馆，来代表另外一个类型。拿破仑代表令现代性震惊的东西，是"非理论人"的意志类型。注意，浮士德和拿破仑都是"天生可被理解的"，即他们不是武断的，或非理性形式的存在——苏格拉底可能就认为神秘主义是武断的、非理性的。与艺术家一样，"行动人"和理论人是对立的。

这一段包括尼采对现代阶级斗争的反民主思想的雏形。他认为，"亚历山大文化需要奴隶阶级才能长久存在"——这是对特别排他的、独立的大学制度观察的结果，尼采不久将会离开这个制度。然而，这个制度内置的无穷的乐观主义断言，"普遍的知识文化是可能的"，每个人都可以分享快乐和财富的果实。这是非常具有康德和黑格尔特性的矛盾对立。以这种方式稀释劳动力，必然导致"灭绝"。尼采的批评在这里针对社会公平的概念，因为当代社会主义理论和实用主义理论也在探讨这个问题。尼采嘲讽社会主义改革和人类乌托邦是在唤醒"野蛮的奴隶阶级，他们刚刚了解到自己的待遇是不公平的"。随着神话不再完美，宗教也瘸了腿，宗教现在只为那些"知识分子"服务，即宗教因此与奴隶阶级对立，而同时又依赖于奴隶阶级，"我们的社会的毁灭"就此几近完成。这里关于尼采对当代文化的批评，我们至少可以说，它并没有基于任何经济学的深刻知识，而且尼采对社会机构的政治形式的观点也没有展开。在《道德的谱系》中，尼采的立场更接近于马克思主义，把一切都归因于经济现象，比如货币价值的创造，生成道德和心理价值的能力等。不管怎样，我们必须明确一点，尼采认为被剥削阶级以政治改革的手段反抗统治阶级，这样是无法获得平等的。尼采认为，自由解放（如果确实需要的话）只有通过教育和文化革命才能实现。

现代时期在各个方面都遭到了围攻。我们已经讨论过歌德；现在康德和叔本华因为使用科学的工具来证明科学的界限而备受尊敬。康德证明，首先，科学的法则并不是"完全无条件的法则"，而只是对表象的误解；因此，因果关系法则不会使我们看到表象后面的东西。其次，尼采似乎认为是康德发现了逻辑或推理在本质上设定了虚幻的乐观主义（他这里指自然的推理幻觉[1]）。对这两个危机（"奴隶阶级"这一政治危机；"逻辑咬了自己的尾巴"这一智识危机，参见**第 15 节**）有两个应对措施。第一个就是"钻进体验的商店"并试用各种慰藉或保护形式。结果带来了，比如沉湎于复兴文化产品的历史风格，尼采在本节末尾对此嗤之以鼻。第二个措施是形成一个新的文化类型，他称之为"悲剧的"文化。这里他指的是，一旦意识到过去并不是完美的，新的智慧可以"取代科学"作为最高目标。这个智慧的标志就是"目不转睛地看着"世界这个整体，而不是其中一部分（并将其非法的普及），并接受整个世界的痛苦，使它成为自己的领域。注意，这里不会废除科学（这不可

122

---

1 简要介绍，参见 Burnham and Young, *Kant's* Critique of Pure Reason, Edinburgh: Edinburgh University Press, 2007, pp.138-42.

能），而是保持在关键的界限之内运行的科学，也可以说是悲观的科学，这个科学从更广泛的、更深刻的智慧中汲取养料。接下来就是尼采对变革的独立见解，这个变革建立在自学自授的教育或培训之上（或许是，"新生一代"给自己的教育或培训）[1]。这个新生代，生活在悲剧文化之中，也制造悲剧文化，他们需要一个能够反映其智慧之深度的新的艺术形式。悲剧文化之所以被这样命名，有两个原因：其一，它很像悲剧：它处于危机之中，并注定消亡；它知道这个事实，尽管它有很多成就，它却无能为力[2]。然而，第二个原因，这个文化，通过悲剧的重生（而不是更多的科学乐观主义），能够满足它对文化的基本需求。这就是制造音乐的苏格拉底文化[3]。

注：论教化（Bildung）

在评论第 1 节第 3 段的时候，我们讨论了尼采使用的日神一词的词源。日神代表象征和制造形象，这又创造了另一个词源的可能性。形象（Bild；image）这个词在德语里有很多种用法，其中好几个都对《悲剧的诞生》有重要意义。"Bild"不仅指形象，也有象征符号（bildhaft）的意思。"Bild"的另外一个重要意义体现在"Bildung"这个概念里面，这个词——很难精确的翻译过来——大概是指"性格训练"、"对全面人格的教育"或"通

1　人类生存的后苏格拉底模式的概念会在尼采后期的作品中发展成"自由精神"及"超人"的概念。

2　后启蒙主义思想倾向于从悲剧的角度看待自己的状况，参见 David Farrell Krell, *The Tragic Absolute*.

3　在多大程度上尼采的思想实际超越了柏拉图广义的形而上学主义，这个问题非常有趣；同样，新的悲剧文化是否能够避免体验希腊悲剧的死亡经历，也是很有意思的问题。尼采在《自我批评的尝试》中，明显感觉自己没有成功。海德格尔和萨利斯对此有讨论（Martin Heidegger, *Nietzsche* and John Sallis, *Crossings: Nietzsche and the Space of Tragedy*）。

过教育塑造灵魂"之类。"Bildung"这个词有两点值得注意。首先,既然它的词根是形象或轮廓,它指的是给某物以合适的形式或形状。第二,如果把文化简单理解为人类生活的各种产品,那么它就是文化的另外一面。"Bildung"指的是在一般意义上的文化塑造人类(通过教育,宽泛地讲),同时也被人类塑造的方式。这个关系在英语中比较明了:文化熏陶(culture cultivates)。"Bildung"的另外一面是,它在德国国家意识形态中占据稳定的地位。比如说,席勒在他的片段诗歌《德国之伟大》(Deutsche Grösse, German Greatness, 1797)中说,法国有政治,英国有帝国,两国的首都都有国家剧院和博物馆(他特别提出大英博物馆中藏有帝国建造时的战利品)。所有这些"德国人"都可以不要,因为他拥有内在的价值、智力、道德和语言。因此,"Bildung"是德国国家意识形态的核心元素,其目的是通过将西欧所获得的成就变成劣势,从而在一定程度上补偿德国没有的成就:"Bildung"暗示德国人拥有灵魂的深度,而其他民族只能活在生命的表面。马克思使用"Bildungsbürgertum"(文化资产阶级)来形容资产阶级(das Bürgertum; the bourgeoisie)这个大类别之下,一个特殊的知识分子类型。在英文中,集合名词"聒噪阶级"(chattering classes)与德语比较接近。尼采在《悲剧的诞生》中,从根本上批判了德国老式的人文主义概念和更狭隘、更新的国家主义教化(Bildung)理想(也见**第 20 节和第 22 节**)。这种教化不能接近"后现代"大众文化的问题,尼采认为,因为它只服务于加强亚历山大文化,这个文化本身就是一场疾病而不是解药。现在需要的是,能够促进未来人性诞生的教化的新形式。

* * *

这一段结尾再次强调了"现代文化的原始疾病"——这是尼采
124 式版本的原罪。这一时期的艺术表现出创新的自信危机:它已经
变成历史主义者,模仿过去时期的所有风格和特征。"亚历山大
人"已经变成"图书馆员和校对员,悲惨地将自己的视力奉献给书
皮和文字错误"。"所有人"都赞同这个"断裂"。这里暗指对"所有
人"的嘲讽,对他们而言,即使是严重的文化危机也只不过是另
一个谈资而已。只有几个人看到这个"断裂"的底部,更少有人看
到如何回应。"评论家"、"馆员"(亚历山大人)除了沿着生存的
"海滩来回跑"看不到其他任何的反应。其他的东西都是"不合逻
辑的"——没有意义的、不可理解的。但是我们看到,从**前言**开始,
甚至在这一节,总体来说,"令人震惊的"新的生存形式不是毫无理
性的,而是否认逻辑领域的绝对普遍性。

第 19 节

天真和敏感;早期歌剧——不匹配的元素

上一节以社会学角度看待艺术作为结束:大致观点是,艺术的
主题、技巧和风格反映社会历史现状。第 19 节继续探讨这个方
法。这一节是一篇小论文,论述歌剧历史可以反映现代社会状况。
尼采对音乐的痴迷从这一节可见一斑;我们可以感受到在评论的
同时,尼采也发出了作曲家的声音,他沉迷于音乐结构的问题,形
式的比例及连贯,表演的可操作性,风格及历史发展问题等。歌剧
作为混合文化历史时代的代表性形式,尼采在决定它的确切的社
会和美学条件时,再次触及了他对现代性批评的核心兴致:"歌剧
的基本原则与亚历山大文化相同"。尼采没有将瓦格纳放在这类
"歌剧"之下,他认为瓦格纳完全不同于亚历山大文化。

这一段例证了尼采对新的音乐批评的想法,即使彻底否定早

期歌剧的需求损伤了对音乐细节的历史和理论的尖锐分析:尼采
用早期意大利歌剧作为伟大的瓦格纳新德国歌剧的负面衬托。然
而,尼采作为证据的材料,在当时知道的人寥寥无几。比如,虽然
尼采没有详述,他好像熟知早期的传统形式,这个传统形式在克劳
迪奥·蒙特威尔第(1567—1643)发表于 1609 年的《奥菲欧》
(Orfeo)中尤为明显。这是第一个具有代表性的成熟歌剧,也是由
新柏拉图主义圈子兴起的悲剧复兴的一部分,这个圈子由 15 世纪
佛罗伦萨的人文主义哲学家、艺术家和科学家组成。但是现代对
《奥菲欧》的兴趣直到 1881 年,音乐学家罗伯特·艾特纳(Robert
Eitner)发表有关意大利配乐的著作时才开始[1],而这个歌剧直到
1904 年才在巴黎进行了第一场现代演出。尼采的判断可能是负面
的,但他的兴趣之深入,鉴赏之细致,本身就是德意志第二帝国时
期市侩的学术和文化环境中的一个积极现象。(尼采职业后期,与
瓦格纳决裂之后,他对意大利和法国艺术,文学和音乐,包括歌剧
的态度发生了巨大变化:比才[Bizet]的《卡门》成了他的最爱。)尼
采对早期现代音乐的探索偶尔可能被当代偏颇的短见遮盖住了,
但不论怎样,我们面前摆着一篇精悍的关于歌剧的历史-社会批
评,这是音乐批评的先驱之作,甚至铺垫了阿多诺及其他人于 1920
年代在《指挥台与指挥棒》(Pult und Taktstock)及《黎明》(Anbruch)
杂志中发展的音乐社会学风格。亚历山大文化主导文化产品的一
切形式(包括"艺术"),它不能被简单理解成只与科学有关。因此,
在这个时期,事物之间的联系超越了看起来截然相反的文化形式
的界限:例如,《奥菲欧》的出现,就与科学革命的伟大先驱之一,伽
利略的作品,有着完美匹配。

1　参见 John Wenham (ed.), *Claudio Monteverdi*, '*Orfeo*', Cambridge Opera
Handbooks, Cambridge: Cambridge University Press, 1986, 尤其是其中的一篇:
Nigel Fortune ' The Rediscovery of Orfeo ', pp.78-118.

尼采介绍说,歌剧是从基督教中世纪到十五、十六世纪的意大利古典时期的人文主义重生的文化转型过程的结果。他觉得,帕莱斯特里那(Palestrina,1526—1594)的崇高且神圣的哥特风格可以与代表性风格(stile rappresentativo;基于宣叙调朗诵技巧的戏剧风格,语言和音乐相互支持,以获得最佳戏剧效果)一起被欣赏,这相当了不起。确切地说,观众对"娱乐的饥渴"有一个肤浅的社会因素。然而,一个更险恶的力量也在起作用;"宣叙调本质中一些额外的艺术倾向"试图向帕莱斯特里那施加霸权。换句话说,这是苏格拉底对抗艺术动力的另一个例子。像布克哈特一样,尼采在这一节几乎承认了文艺复兴是一个重要的新的历史时期。他的确用了一次这个词("文艺复兴时期,受过教育的人。……")。歌剧的兴起代表苏格拉底倾向的延续,这一论点使尼采对文艺复兴文化表面背后的东西有同样的看法。因此,我们可以认为,尼采对苏格拉底和柏拉图的成见,是他在划分更加分化和精确的时代类别时相对僵硬的原因之一。另外,上一节的末尾为时代和风格套上学术名字的枷锁,这显示,尼采可能视这些时代为现代性的症状。

对于代表性风格(stile rappresentativo)的艺术败笔,尼采是怎么说的? 早期歌剧是音乐与文本以特定方式结合的产物,但是这种结合有点刚愎自用,因为它建立在对音乐精神的错误理解之上。尼采这里引用了叔本华对音乐与文本之间关系的分析,**第 16 节**有引文。这种关系,在早期歌剧中,不仅没有互相补充,反而导致一方使另一方瘫痪。歌者想要满足听众"在歌声中听清楚歌词"的需要,因此他说的比唱的还多,即宣叙调风格。然而,同时,作曲家或编剧帮助他在抒情段落中"释放"自己的音乐歌唱家的本色。二者的转变,不稳定且武断,这意味着,即使时间选择也会出错:歌者"可能允许音乐在错误的时间变成主导"。因此,尼采的第一个论点就是:在理解和音乐之间的转变,在时代与抒情风格之间的转变完全是不自然的,与日神或酒神没有任何关系。代表性风格是非艺术的。叔本华所指示的混合音乐与文本的基本可能性在早期歌剧中没有实现,也在后来意大利 18 世纪从亨德尔到莫扎特的基于宣叙调的变体形式——正歌剧(opera seria)中也没有实现。音乐与文本无法融合,保持着互相排斥的状态。

127

早期歌剧的发明者的错误之处在于,他们认为他们创造了代表性风格的同时,也创造了古典时代的精神。实际上,他们只是表达了当时强大的、非艺术性的需求,即为了逃避变幻莫测的现代生活,他们需要回到过去的一个时间点,那时人类可以想象自己与自然融为一体,享受田园牧歌般的幸福。从这个流行的错误观点出发,尼采断言,"荷马世界是原始状态的世界"。尼采认为歌剧恰恰就是该书所针对的古典主义的先驱。尼采承认,"这个时期的人文主义"用田园形象来反对中世纪对原罪的神学观点。歌剧用一个相反的教条代替了人文主义,同时也——所有文化的一个总体功能——为对抗悲观主义提供了"安慰"。但是这也没什么用,因为它同样也是亚历山大文化通过非艺术手段表达自己。更重要的是,这是书中又一次批判历史政治哲学这个过时的、幼稚的模型,这个模型影响了自佛罗伦萨新柏拉图主义者一直到霍布斯和卢梭的思想。这个模型构建了人类自然生存的原始状态,以此作为杠杆,促使逐渐疏远的人类社会生活现状进行改变。因此,当尼采将歌剧和社会主义这两个看似毫不沾边的东西联系起来的时候,也就不那么令人吃惊了;两者都是建立在一个人类学误解的基础之上,即人的本真是善良的。

尼采接下来为他的观点(歌剧的产生是亚历山大文化的结果)提供了第二个论据。歌剧满足外行人对大众文化的需求,他们要求能够理解歌词。为什么呢?就像精神被认为比身体更"高贵"一样,语言的地位被认为高于和声。正如欧里庇得斯操控的悲剧一样,这里对"音乐的酒神深度"也有误解;这些深度被转变成"由理性管辖的修辞激情",而音乐被贬低成"感官享受"。(我们应该注意,由理性管辖的激情,可以是"病态的"[pathological]这一术语的直译)。因为没有狂喜的视界,"戏剧技师和舞美师"的重要性被放大了;解围之神(deux ex machina)又回来了。毫无艺术感的"艺术家"相信,音乐可以被简化为一套激情或情感的系统,通过"logos"(逻辑;第一个论据里面提到的,由理性管辖的修辞)沟通,因为他正梦见一个田园般的原始的状态,在那里"激情足以创造歌曲和诗歌"。再次注意,尼采这里强调的是对情感的误解和定位错误。我们在书的第一部分看到,尼采对史诗、抒情诗及悲剧的分析也绕过了对个体体验的"病态"关注。

尼采验证的两种途径(基于笃信原始状态和人性善良而进行的风格改变;外行人迷信语言的高贵性)可以通过使用席勒的术语连接起来(参见**第3节**的讨论)[1]。上文提到过席勒的论文《论素朴诗和感伤诗》中说,"自然和完美",要么表现为不可挽回的丢失和不可得而被哀悼(感伤诗;悼亡诗),要么被想象成真实和在场而被庆祝(素朴诗;田园诗)。尼采认为,歌剧跟感伤无关,歌剧在亚历山大乐观主义里面,尽是田园倾向。希腊田园并没有丢失,最糟糕的情况也就是,需要通过"移除过度学习的枷锁"来重新找到它。除了在理论性文化取代前苏格拉底、前意识文化这个意义上,感伤这个类别好像跟尼采毫无关联。那么我们就可以自信地说,现代与感伤唯一的关联就是,现代正处于危机之中,且知道自己的状态。更重要的是,对个性迷失或整体迷失的记忆或预测,分别折磨着日神和酒神,他们根本上不同于席勒讨论的丢失或不可得概念。后者建立在康德对超验思想的分析之上,而不是叔本华的意志概

1　更全面的讨论,参见 Nicholas Martin, *Nietzsche and Schiller. Untimely Aesthetics*, Oxford:Clarendon Press,1996.

念。带着"大自然的可怕引力"继续生活,这个现实问题取代了缅怀丢失及哀悼。

尼采现在铺垫与歌剧对立的观点。**第 5 段**有效地总结了目前尼采的发现。人不可能只是用嘘声将亚历山大式的欢快吓走,因为整个生活方式都基于此。尼采预言了一个从"埃斯库罗斯人到亚历山大世界欢快精神蜕变"的"逆过程",即酒神精神逐渐苏醒的过程。他深信,在他评估德国音乐"从巴赫到贝多芬,从贝多芬到瓦格纳"的发展历程之后,酒神精神苏醒随时都可能发生。注意,尼采好像在谴责歌剧的同时,也批评了"像算术算盘一样的赋格曲和辩证对位法",尽管这些都是他心中的两个英雄——巴赫和贝多芬作曲风格中的关键元素。然而,他实际上是在将这些当作"公式",评论家可以使用这些公式来理解音乐,就像他在后面段落里讲到的美丽和崇高一样。这些类别或公式是捕捉现象的"网",这些现象在亚历山大文化看来"恐怖且不可理解",就像苏格拉底看埃斯库罗斯悲剧一样。因此,他们是"贫瘠的感官"创造的抑制策略。真正的音乐艺术家不用公式来作曲(这里指康德的第三批判和不用概念而做出判断的思想[1])。即使日神艺术家也不用像炼金术士一样遵照公式来获得美感;美感是艺术的形而上学功能的自然结果。

这一节结尾提到德国音乐(这一节)与德国哲学(前一节)的联盟。他们指向一个"新的生存形式"——人类被其他动力主导的形式,这个形式可以产出新的文化形式,不再是个体的,它的情感和回应系统不再是"病态的"。因此我们是在以与希腊人"相反的"方式,朝着一个新的悲剧时代前进。这个反向或镜像运动已经多次在书中提到了,比如在**第 15 节**。这当然不是重复或模仿前苏格

1　参见《判断力批判》第 7—9 章。对其的讨论,参见道格拉斯·伯纳姆著《康德〈判断力批判〉导论》(*An Introduction to Kant's* Critique of Judgement)第一、二章。

拉底的希腊——在多个文化动力竞争之下,希腊人也体验过同样
的挣扎,但这是在他们自己的历史背景之下,所以希腊形式对我们
只能是具有指导性意义的"类比"。历史在深层动力的混合和竞争
之中循环往复;但每一次"重复"都是不同的,因为意志的客体化会
表现为不同的现象环境。因此,这个正在出现的东西,将会是针对
后现代情况的重生(更确切地说,是针对于德国的重生)[1]。哲学
与音乐的结合,对尼采本人来说应该是书中的一个顶点,因为他个
人在两个方面都很活跃,且他的项目(此书勾勒了轮廓,接下来的
十八年尼采都在研究)就是找到受音乐启发的新的哲学写作语言
或策略。德国哲学与音乐的统一变成了关于德国精神之解放的民
族呐喊,这个精神已经被外在形式束缚得太久了(尤其是"拉丁";
但是,这里"缰绳"[reins]的比喻可以跟**第 15 节**作比较)。尼采,如
我们所知,一般来说是反对辩证法的束缚的,但他这次却允许自己
掉进黑格尔主义的陷阱里(很可能是有讽刺意味),他说,重生"意
味着德国精神回归自我",这与黑格尔所谓的,在法国大革命中,世
界精神回归自我相映成趣。

130

第 20 节

德国教育;革命顿悟

　　这一节讨论亚历山大文化更当代的例子:模仿古希腊的"自我
培育"(self-cultivation;Bildung)形式的教育的衰落。(参见**第 18
节,注:论教化**。)语调几乎变得绝望,又突然出人意料的变得欢快,
并劝说大家进行武装。在尼采所有的作品中都可以看到历史突然

1　参见第 3 节,注:尼采,德国的希腊主义与荷尔德林的讨论。

转折的时刻。在《查拉图斯特拉如是说》[1]和《道德的谱系》[2]里面的描写尤其有力。这一时刻——几乎可以称为"弥赛亚"时刻,是革命性的顿悟——在尼采的作品中,好像随时都可能发生,好像之前的文本是一触即发的引爆点。尼采因此预见"百剧不遇的奇观,这个奇观预留给接下来两个世纪的欧洲,是最恐怖、最值得质疑,也许也是所有奇观中最有希望的一个"[3]。在紧随顿悟而来的奇观中,"一场暴风雨席卷走一切陈旧的、腐烂的、破碎的和凋零的东西,把它们卷入红色尘土的旋风中,像雄鹰一样把它们带到高空"[4]。这种世俗救赎的观点是尼采思想的核心。在**第 20 节**最后一段,有一段最有力量的诗歌表达。尼采后来认为(参见《自我批评的尝试》),类似的段落是赞颂酒神的声音开始掌控的标志。

在铺垫伟大的革命时刻时,尼采提出,即使歌德、席勒和温克尔曼这样努力的"学习希腊",他们也忽略了希腊世界的一些重要的东西。歌德的《伊菲革涅亚》(*Iphigenia*)是一个失败的悲剧,这便是证明。《伊菲革涅亚》是德国古典主义的重要文本之一,而尼采对其弱点——避免碰触悲剧——进行了非常精准的早期批评:尼采再次展示了他超凡的文学敏锐性。值得注意的是,尼采使用了"epigone"(蹩脚的模仿者,后继者)一词,指"模仿天才的平庸的模仿者"。即使在最有创意的证人眼中,比如卡莱尔、爱默生、海涅和福楼拜,19 世纪仍认为自己是一个模仿的时代,缺乏原创性和真实

131

1　参见"论幻觉与谜"第三部分,第二节,pp.134-38.

2　参见"第三篇论文"第 27 节末尾:"所有伟大的事情都是以自我消减的方式自行消亡的",p.117.

3　《道德的谱系》,p.117.

4　这一段和瓦尔特·本雅明的"历史哲学论纲第九篇"有相通之处。对比尼采对革命性转变的乐观态度,和本雅明对历史进步的悲观态度,他认为一步步的革命性干预是不可能的:"……这就是人看待历史天使的方式……"'Theses on the Philosophy of History' (1940), in *Illuminations*, Hannah Arendt (ed.), London: Fontana, 1972, pp.245-55, here p.249.

性。这一点与席勒对感伤类别的现代性评估相关。如前一节一样，尼采可能赞同这一评价（所以才使用了"epigone"一词），但却否认其中暗示的悲观厌世态度："希望"、"信念"这样的词在结尾段使用了六七次。

尼采认为，虽然德国古典主义的确成功地将希腊文化设立为"自我培育"的典范，这个古典教育理想却随着19世纪的进步走向了衰落。接下来尼采总结了他对当代美学和希腊研究的理解，包括对美感和崇高概念的错误应用，以及学术的、史学的方法必然不能理解"希腊人的天赋"。这些句子针对的是他在大学里的很多同事，他们即将成为他的前同事。尼采实际上正在撰写辞职信，辞去文献学教授的职位。我们现在似乎处于文化的低潮时期，教育的任务从教师和教授手中移交给了"记者"。尼采这里指的是有一些学者将自己的首要任务看做为学术期刊写作，辩论当下最热门的话题，对学术知识贡献微小，探讨学术话题像蜻蜓点水一样，随即就飞走了。这样，教化的任务被完全误解了。他在**第22节**将这些学术记者与新闻记者混为一谈。尼采对现代大众文化及其"民主"媒体的负面评价在此显露无疑（他在写作中常常讥讽记者）。

不管怎样，宣扬古典性格培养这一希腊理想和来自德国音乐精神的悲剧重生之间，没有任何直接的因果联系。或许有几个步骤可以为革命时刻的条件做准备（回想一下教化的本质，基于对文化历史背后的动力更基本的解释——换言之，写作《悲剧的诞生》），但这都不能直接导致革命；即使歌德和席勒"也没有被允许闯开令人痴迷的大门，走向希腊的魔山"。（注意，这里重复使用的大门的隐喻［参见**第15节**］，这里还引用了托马斯·曼著名小说《魔山》的书名。）历史无法被控制（这个幻觉是苏格拉底文化的一部分);的确,人们只能在这一时刻到达时利用它,并"跟随游行庆典"[1]。

尼采为"日益贫瘠枯竭的现代文化"绘制了一幅色彩斑斓的图画。阿尔布雷希特·丢勒的青铜蚀刻作品《骑士、死神与魔鬼》比较于"我们的叔本华;他不抱任何希望,但他渴望真理"。这是对叔本华的赞誉,现在没有人跟他一样了——同时也是对他的悲观主义的批评。因此,"不要让任何人企图消灭我们的信念",我们的"希望,或通过音乐之火的魔力获得更新"(这里指瓦格纳《女武神》里面的魔法火音乐)。之前提到的召唤革命时刻的诗歌表达有一个很有意思的特点:尼采试图直接与读者对话。"是的,我的朋友,像我一样信仰酒神生活,笃信悲剧的重生"。重新启用古典修辞方法,这种新的阐释方式预示着查拉图斯特拉的演讲。尼采以调侃的手法改写了启蒙运动的口号"sapere aude"(dare to think[敢想]),并敦促读者:"敢于过悲剧人生"。

第 21 节

现代歌剧——作为美学范式的瓦格纳的《特里斯坦与伊索尔德》

尼采现在暂时放下对危机重重的现代性的批评,而将重点放在文化更新的新"希望"上。这一节首次完整的重述了强调音乐、神话和现代性意义的悲剧理论。这一节也再次展示了(尽管带有对叔本华和瓦格纳的英雄崇拜和民族情绪)《悲剧的诞生》提供了以激进的现代方式研究文化的方法。《悲剧的诞生》在否定历史和

133

1　这个概念与阿兰·巴迪欧的"忠诚"概念关系十分密切:参见 *Being and Event*, trans. Oliver Feltman, London: Continuum, 2006. 第五部分。

艺术具有单一或绝对状态的基础上,构建了美学和历史理论。米歇尔·福柯在其论文《尼采,谱系学和历史》中注意到尼采的历史观中具有突破意义的转变:尼采创造的不是起源概念,而是没落[1]。因此,《悲剧的诞生》中研究的希腊文化是"印度和罗马之间"的混合形式的文化,就像在歌剧中,他研究的艺术形式是不同艺术体裁融合的产品:音乐和戏剧。尼采的文化理论的基础是互相矛盾的基础力量之间的互动。

悲剧不仅是最高最重要的美学成就,而且是最伟大的文化产品。它也生成了,或者见证了"一个民族最核心的土壤"的健康。公元前五世纪的第一个十年,希腊人战败了波斯帝国,取得了最辉煌的军事胜利,这些希腊人同时也是制造了酒神"颤栗"和悲剧神话的人,这些历史事件都是相关联的,悲剧虽然只是昙花一现,却能够治愈并忍受其他事件。那个时代穷尽了他们的能量,"谁能想到另一个"艺术或政治的百花齐放!**下一段**提醒我们,备受追捧的神英年早逝,但他们同时也得到了永生。文化成就不是以耐用性(像皮革一样)来衡量的。但是希腊人本身却没有什么特别之处(尼采反复提醒我们这一点,因此为德国精神提供了"希望",即同样的力量可以在中欧找到)。相反,希腊不过是一个偶然的地点,一个卓越的文化动力混合形式在这里创造了悲剧这个"新的、第三个艺术形式"。

酒神力量,单独存在的话,倾向于削弱政治,趋于虚无主义的

---

1   参见 Michel Foucault, ‘Nietzsche, Genealogy, History’, in Paul Rabinow(ed.), *The Foucault Reader*, London:Penguin 1991, pp.76-100, cf.especially pp.76-90.

佛教(我们终于明白了上一节提到佛教和印度的原因)[1]。当然，即使在政治和佛教中，它也没有"单独存在"。既然它显示出对政治的"敌意"，则必定存在政治驱动力——没有单一纯粹的形式。日神，被允许占主导地位，倾向于政治及对权力的世俗贪念，罗马就是实例。(日神在这里也意识到它的"生存"遭到威胁，因此也不是独立的。)"政治"(politics)一词来自希腊语"polis"，意思是城市；在古代，城市就是国家的基本单位，因为城市就是独立的国家。尼采好像就是在这个意义上使用"政治的"(political)一词，它指的是，能够将一群人聚集在一起，给予他们一个统一的目标和"家园"，并带领他们作为一个群体取得成就的东西。在日神中，政治建立在"肯定个性"的基础之上。尼采因此在历史上和地理上找到了这些理论主导形式的关键例子，他发现，不论是在历史上还是地理上，现代性都不想对其进行模仿。重要的是，两者都从形而上学的角度代表了亚历山大文化的界限——印度，因为这是亚历山大大帝征服的地理边界；罗马，因为它是亚历山大之后几个世纪的权力中心[2]。这一段之所以重要，还有另外一个原因：它将政治形式扩展到那些可以用他的文化力量理论解释的领域，就像尼采对歌剧和教育的做法一样。确切地说，这里苏格拉底/亚历山大动力没有被讨论，但那是因为尼采已经在**第 18 节**讨论了现在这个主导动

1　参见 Robert G.Morrison, *Nietzsche and Buddhism, A Study in Nihilism and Ironic Affinities*, Oxford：Oxford University Press, 1999. Freny Mistry, Nietzsche and Buddhism, Prolegomenon to a Comparative Study, Berlin：deGruyter, 1981。另见《尼采与众神》(*Nietzsche and the Gods*) 第三部分，pp.87-136。对东方思想的兴趣在 19 世纪的欧洲广泛存在，叔本华和尼采也不例外。然而，现有的译文和评论水平有限，因此欧洲对东方思想的误解也很广泛。这里，佛教思想就被简化成虚无主义。

2　有些人认为苏格拉底文化完胜日神，对尼采这样解读的人可以把矛头指向这一节，希腊衰落之后罗马帝国随之崛起。然而，尼采不仅从来没有暗示过这层意思，他也只是在列举一些例子，尤其是政治(而不是艺术的)例子。这些例子恰巧又被当作地理和历史隐喻的强大优势(希腊"在印度和罗马"之间)。最后，对于尼采的历史周期论，编年学本身几乎没什么有用的证据。

力的政治本质(参见"奴隶阶级"的讨论)而且他还会在**第 23 节**重新讨论这一话题。

这就带我们到了**第 3 段**,从这一段开始是全书持续时间最长的理论段落之一,理论探讨一直延伸到**第 22 节**。接下来的内容总结了第一部分的悲剧理论的几个关键元素,现在用神话概念和叔本华的音乐理论重新审视了一遍。《悲剧的诞生》提出了一个决议要反对交响乐的现代音乐理论。交响乐作为"纯"音乐或无标题音乐,是一心一意的酒神与"事物的内在本质"的联系。如果说早期歌剧与意志离得太远而无法辨认,那么现代交响乐则太靠近意志,因而很难有意义。它的消闲不能用象征符号解释;如果它能代表什么的话,那么它代表的是一切事物。另外,对于个体听众,他没有任何意义,因为它的"意义"就是毁掉那个个体。在悲剧中(以及,我们会看到,在瓦格纳的乐剧中),音乐和诗歌有"劳动分工":悲剧神话的诗歌元素和悲剧英雄,承担调和悲剧音乐的作用,它疏通并固化悲剧音乐的"普遍有效性"。尼采基于对古典悲剧的分析,好像在展示古典悲剧和现代歌剧之间的相似性。现实中,在我们看来,尼采是反过来推理的,尤其是他之前承认,我们对古典悲剧音乐的理解还只是皮毛(**第 17 节**)。这个新的音乐和诗歌理论正是萌芽于歌剧,而且当尼采谈论他们与古典悲剧之间的亲密合作时,我们可以看到背后有瓦格纳"整体艺术"(Gesamtkunstwerk)的思想,这个思想是通过将不同艺术领域的不同元素融合而形成的。尼采的音乐美学是以瓦格纳的音乐为模型的。

通过悲剧神话——语言、形象、概念和悲剧英雄的性格——悲剧为听众提供了一个"崇高的象征的相似性",它将无法理解的意志的音乐表达固化、嵌入到形式之中。因此,在悲剧中,听众体验到一个亲切的艺术幻觉——"高贵的欺骗"尼采说——因为看起来好像音乐(这个意志表达的最高媒介)在现实中"只不过是一个高级的展示设备,使神话这个虚假世界更加生动",换句话说,好像音乐服务于诗歌。"神话阻止我们靠近音乐"。然而,颇为矛盾的是,神话和音乐的结合还可以帮助解放音乐元素的全部潜力:"它第一次给予音乐最高限度的自由"。在悲剧中,音乐可以"纵容"它的"自由狂欢的感觉",这种感觉在其他形式中(比如纯音乐)是不可能的。同样,神话也可以在与音乐的合作中得到好处,因为音乐潜能得到了释放,作为回报,音乐授予神话两样东西,这两样东西单纯通过语言和形象(即通过诗歌)是无法达到的。首先,音乐赋予神话伟大的形而上学意义(参见**第 17 节**)。另外,正是通过音乐,观众才"预知"(尼采也称之为酒神智慧)了通过毁灭(观众个人和悲剧英雄)而获得的快乐(意志永恒的快乐,贪婪地翻涌上升变成存在)。

136

　　从**第 21 节**的视角来看,酒神和日神之间在该书的第一部分发展成的关系,现在有了新的局面。从对希腊悲剧的具体批评分析衍生而来,它现在被重新表达成音乐和诗歌文本之间的关系,以适应现代条件。他们的合作并没有剥夺他们作为独立的艺术形式的状态。相反,他们共同的任务只有在他们保持住个体独立的形式时才能够完成。他们的混合不是有碍各自功能的妥协(像早期歌剧那样)。相反,只有在互动合作的范围内运行,两者的潜能才能得到最大程度的发挥。实际上,古典悲剧在这里只是作为次要的案例分析,它的作用是引出这一节,而这一节的重点是瓦格纳。从这里开始,我们意识到,象征性表征理论的本质是从对现代歌剧的分析衍生出来的。实际上,有一部歌剧被用来作为模型。

　　因此,尼采现在将他的混合形式美学类型"应用"于瓦格纳的《特里斯坦与伊索尔德》上面,尼采认为这部歌剧就是地道的现代歌剧。或者说:读者可以清楚地了解到,他是如何从歌剧中得到了这些类型。尼采一生都被《特里斯坦与伊索尔德》感动。他与瓦格纳决裂也没有改变他对这部歌剧的感情[1]。尼采对这部歌剧的分析提供了概念、语言，甚至在某种程度上，还有《悲剧的诞生》一书的"作曲"技巧。（参见**第 16 节，注：尼采，音乐和风格**。）尼采"迫切要求"他的"朋友们"通过《特里斯坦与伊索尔德》这个例子理解他的理论。以这样的方式乞求"朋友们"，开始于**第 20 节**末尾，并还会继续下去。这些朋友被设置或创造出来的方式使他们能够理解尼采说的东西，尤其是瓦格纳音乐的伟大之处以及它对（后）现代的深刻影响。这些朋友是通过尼采的写作和瓦格纳的作曲被发现的，或甚至是被创造出来的；这里与欧里庇得斯"创造"他合适的观众遥相呼应。但是尼采在《自我批评的尝试》中对《悲剧的诞生》的排他性做了检讨，它只向教徒传教，没能创造新的朋友。

尼采提出一个思维实验，把《特里斯坦与伊索尔德》的第三幕作为纯音乐，作为交响乐来聆听。尼采强调，这是不可能的。也许音乐本身并没有任何意义。然而毕竟很多人也听交响乐，比如贝多芬的交响乐，但是这只有通过形式美这一非法类别的调解才有可能。在这种情况下，听众无法感受到音乐的酒神力量，但隔绝他的不是日神神话，而是亚历山大式的误解和审美迟钝。或者听众会立即被"击碎"——酒神智慧，未经调解的时候就会毁灭智慧。所以，尼采建议他的朋友们自问，瓦格纳的歌剧如何才能作为"一个整体"来被理解呢？它是一个混合物（compositum mixtum），通过承认听众的"个体存在"来使我们看到我们事物的本质。象征意味着在诗歌意义的领域找到音乐普遍性的代表：悲剧角色（特里斯坦），形象（海洋），个体行为（渴求），特殊情感（库维纳尔的欢庆）。针对音乐和意志的普遍性模式要么在具体形象里，要么在概念的

1　参见 Janz, *Zugänge*："1888 年 12 月 27 日，尼采精神崩溃之前的十天，他给卡尔·福克斯写信，福克斯当时正在写瓦格纳，尼采写道：'不管怎样，不要落下《特里斯坦》，这是一部杰作，是所有艺术都不可比拟的。'"第 28 页。

普遍性里得到了象征(参见**第 16 节**)。

象征符号有几个层次的功能。我们非常"同情"(Mitleiden；compassion——像"同情"一样，意思是与某人的感受相同)这些从诗歌角度构建出来的象征性具体事物(尽管日神意识使我们知道他们只不过是舞台上的形象)。这种同情拯救了我们，使我们不会陷入世界的"原始痛苦"之中。另外，他们也有认知功能，利用概念象征，也为我们提供哲学视角来审视，但并不会将我们暴露于"对世界的看法"。最后，他们还有意象主义功能，好像"声音的领域"变得就像这些个体形象一样清晰可见。正如叔本华所说，我们的日常思维和语言——允许我们客体化、概念化，并处理——无意识的意志，将我们从中拯救出来。背景之中总是笼罩着危险，即人类和我们的文化保护机制会被破坏。正因如此，象征必须在艺术中取得成功。

注意尼采这里使用的语言：形象变得像是用最精致的布料(stoffe；fabric，既有布料的意思，更笼统地说，也有"物质"或"实质"的意思)织成的肖像一样"清晰可见"。这个比喻承接了面纱这一主题，并预示尼采下文将要使用的"薄纱"(tissue)这个隐喻。象征符号的可见性观点在后面的段落里会再次出现，比如，"精神化的眼睛"。另外，注意上一段里我们强调的"这些个体形象"。实际上，尼采马上会提示我们，很多形象都可以象征同一曲音乐——音乐作为对世界意志的直接表达可以象征任何事物。悲剧神话被音乐赋予最高的意义；因此必须是"这些"形象、情感、概念和角色。

通过与神话文本的链接，音乐创造了表象世界与"事物内在本质"之间的联系，这不是说一方等同于另一方，或者两者混淆不清(那是亚历山大文化"病态"的困惑)。相反，通过与悲剧神话文本结合，音乐使观众能够认清两者之间的差异。辨识这个差异采取的是酒神智慧的"预知"形式。确切地说，**第 6 段**表达了日神的成

138

就,但好像这些全部都是欺诈的假象一样,不过尼采在本节最后一段会改正这个看法。注意日神象征的构成力量清单中包括了"伦理教化";这将我们带回到埃斯库罗斯提到的正义的问题,苏格拉底和欧里庇得斯都误解了这个问题。这也与尼采在第 22 节对仅用道德角度评价悲剧的评论,形成了一个很好的对比——这里的重点是,道德是美学的一个元素,而不是美学的起源或者替代品。

第 5 段讨论了构成悲剧神话的语言和形象的各个方面,第 7 段转向悲剧音乐的两个重要方面,这两个方面将悲剧神话变成了象征符号。悲剧神话和悲剧音乐之间有一个"预设的和声"(这里指的是莱布尼茨对身/心问题的解决方案[1]——尼采将在本段结尾讨论这个问题)。也就是说,戏剧只能通过音乐"得到全面实现";而音乐通过戏剧获得实现并得到象征意义。尼采这里描述的是瓦格纳试图构建音乐和戏剧表演之间的新的心理关系,这样,二者就能够比"早期歌剧"(音乐和戏剧交替出现)中的关系更亲密地如影随形。音乐事先决定舞台上的角色和布景;确切地说,音乐通过旋律线设置他们的表演,并通过和声调整他们的关系。舞台上的角色是被"简化了的"(悲剧中的角色是理想的,尼采已经说过,而不是欧里庇得斯笔下真实的、具有周密心理的个人)因为他们对应于旋律——也就是说,他们是音符的"起伏线"。那么这些角色之间的关系,就同时变成了这些音节之间的关系——即和声。最终的重点非常稳固的落在了和声上面。演员最初并不是个体角色,相反,他们的本质是通过关系来决定并慢慢揭示出来的。随着和声的展开,旋律慢慢开始(尼采这里思考的是《特里斯坦与伊索尔德》的音乐结构)。起伏线的想法和他们之间的"垂直"的和声关系,导致尼采使用了"精致的薄纱"这一隐喻,承接之前面纱、网、布料等

139

1　参见,'A New System of Nature',in G.W.Leibniz, *Philosophical Essays*, Roger Ariew and Daniel Garber(ed.and trans.),Indianapolis,IN:Hackett,1989.

的主题。以这种方式,戏剧变得比任何"诗人"梦想的都要更深刻。我们看到舞台被"无限放大"了(因为舞台上的形象是对"太一"视界的象征),而且"从内部发出光芒"(他们的重要性提高了)。再次注意"放大"或"具有穿透力"的视野的隐喻,尼采在这一节和下一节不断地使用了这个隐喻。

尼采补充说,音乐可以帮我们明确"词汇的起源"。这里,尼采暗指语言是通过逐渐远离世界活动的过程而形成的(参见**注:尼采的语言哲学**)。受音乐启发的符号不仅能够带领我们走向原始体验,而且能够揭示这个分离的过程。这是一个方法论要点。我们一直在强调尼采确信,对悲剧和音乐的解释本身非常有意义、非常重要,同样,对一个新的哲学方法论的解释也十分重要。这里,通过使用音乐工具,哲学可以探索语言的起源。

尼采在**第8段**强调,我们不能认为日神幻觉本身是积极的或有意义的,能够帮我们卸下酒神这个"负担"。相反,所有的意义和重要性都来自音乐。对于音乐的洞察力,日神形式不是必然的(对于同一曲音乐,可能有别的形式)。心灵和身体这个理论不适合这里的形而上学分析,一个隐藏的心灵只有一个身体与之对应,这个身体表达心灵。从这一点出发,我们甚至可以想象(如早期歌剧理论家的做法),词语是心灵,音乐是身体。事实上,适合的形而上学分析是康德或叔本华哲学:表象和物自体。对于后者,任何真正匹配的想法都没有任何意义,因为"匹配"的双方存在于完全不同的意义之中。没有表达,除非音乐将其变为可能。

不过,看起来好像日神"完胜"酒神。但这只是故事的一半,这是象征符号内部光芒的效果。这样的观点忽略了一个事实,即日神戏剧只有通过音乐才能得到全部实现,并得到形而上学意义——才能变成神话。另外,它还忽略了对酒神快乐的"预知"。(这个观点在下一节会进一步讨论。)确切地说,虽然有美丽的日神

140

"薄纱";但是"作为一个整体",悲剧的效果超出了日神的所有可能性,这里描述为日神否定自己及其"可见性"。这就是《悲剧的诞生》从一开始就坚持的论点,也是"起伏线"的结尾(尼采运用了瓦格纳逐渐展开立场的作曲技巧)。需要重视的是,在音乐悲剧或歌剧中,两者不讲同一种语言,而是讲对方的语言;如尼采在这里暗示的,艺术真正的胜利,是日神屈服于酒神,因为"最后还是日神讲了酒神的语言"。"语言"在此可能是指它的形而上学意义。正如尼采刚刚说的那样,酒神没有语言,而且上一句说它"用酒神智慧讲话"。又或许,尼采这里指的是语言本身的转变作用:在音乐的影响下,语言获得了讲述真理的可能性,否则这个可能性基本上是

141　被排除的了的。在悲剧或瓦格纳歌剧中,神之间"困难的关系""可以被象征为兄弟情义"[1]。

第 22 节

审美听众

这一节平行于**第 7 和 8 节**——它从观众问题的角度,或现代"听众"的角度,重新审视了音乐美学。为了达到这个目的,尼采必须为上一节结尾提到的日神的"自我否定"观点添加更多的细节。"朋友"再次被召唤来,因为他听过,并且理解他听到的内容,因此他可以为尼采作证。

这一节由无所不知的眼睛开始,这只眼睛不再只关注外表,它能参透事物的核心;这只眼睛在视线被否定之后还能看得见(上一节结尾);换言之,它就是盲人先知提瑞西阿斯的眼睛。(注意这些

1　这里有一处矛盾,指向形而上学象征的层面:两个神在此的象征性联系是兄弟,而之前他们被认为是异性。

句子里面多次使用的"好像"(as if)句型。视觉语言象征乐剧给人带来的"洞察力"模式)。"朋友"将会意识到,日神的可视性力量"达到了顶点",但发生的却不是真正的日神艺术家"静止的、满足的、没有意志操控的沉思",即这个过程的目的并不仅仅是形式、由美好带来的快感和史诗冷酷漠然的特性——一个被认定成特定的日神美学现象的世界。日神的特征没有消失,而是随着被观察处在毁灭的过程,因此,他们表达成什么就变得重要。尼采问,这怎么能发生呢? 这个问题与上一节的问题"这个工作怎样才能被当做整体看到?"完美呼应。正如后者的答案是日神,这里的答案是酒神,它使日神为之服务。

关键词是"界限"。酒神"带领表象世界走向否定自我的界限"。这听起来应该很熟悉。它与亚历山大人的危机(由康德、歌德和叔本华的见解造成的)是同样的结构。这里受到威胁的不是假定的普遍性以及亚历山大主义的乐观精神,当他们坍塌的时候,会开通走向悲剧文化的路径。相反,尼采这里描述的是悲剧现象本身内部的过程,即日神形象开始讲酒神语言的过程。酒神智慧 142 的象征在悲剧中起作用,因为词语、形象或概念(表象)被迫与他们自己作为表象的界限对峙,否定自己,而在否定的过程中,第一次变成了酒神符号。因此,悲剧/歌剧通过直指表象世界的界限而给观众猛然一击,使他们意识到这个世界是意志的世界。这也给了我们另一个理由,解释为什么处于危机之中,等待悲剧重生的近现代,应该被称为"悲剧文化"——它模仿了同样的象征性否定。这里,尼采显然是在解释语言的起源,并想通过艺术找到恢复这个起源的可能性(参见**第 8 节**的讨论)。

尼采现在转头继续他对当代美学时断时续,却通常非常刻薄的攻击,他谴责当代美学从来没有能够反驳亚里士多德和欧里庇得斯犯下的原始错误。尼采攻击了亚里士多德在《诗学》里对"精神宣泄"（catharsis）的解释：悲剧的作用是净化或清除观众的同情和恐惧情绪[1]。尼采认为，这并不是美学，因为它是病态的，即它痴迷于激情和情感这些基本现象。欧里庇得斯因其对悲剧的道德视角也遭到批评（虽然没有点名），席勒对这个观点做了重述，但欧里庇得斯的观点也不具备美学特征。因此，核心的批评是：当代艺术评论家和哲学家（比如反瓦格纳的理性主义批评家盖尔维努斯[Gervinus]）不懂艺术；他们完全没有任何美感。尼采引用了歌德，因为他"除非带着病态的兴趣，从来没有以艺术视角成功地处理过悲剧情况"，所以他在其作品中回避悲剧。如果我们还记得，尼采之前（**第18节**）用歌德的《伊菲革涅亚》作为例子，指出歌德对悲剧的爱好非常有限。歌德提出，对于希腊人，即使处理"最悲怆的主题"时，他们是否也有"美学游戏"的一面。当然，前提就是，我们不要把美学与严肃对立起来（参见**前言**）。尼采的肯定回答铿锵有力：我们现代人可以以"超越病态道德过程"达到以游戏态度鉴赏"音乐悲剧"的水平。

143　　　这意味着，悲剧的重生伴随着当代文化中审美听众的重生这一补充过程。这个审美听众取代一半道德一半学术的批评家，尼采实际上指的就是整个大众，他们没有得到充足的教育，受学术写作的典型方法和媒体的影响，只能算是耳聋的听众。艺术家拿这些听众能怎么办？文艺复兴时期的作曲家面对外行人也是同样的状况：只能迎合他们，迎合得如此成功，艺术家已经忘记了他们只是在迎合而已。因此，有一些戏剧或歌剧能够使所有人兴奋不已，类似公共情绪——"时政社会事件"，民族主义，战争，议会党派之争，犯罪活动等。或者，可以稍微高尚一点，一些可以激起道德或宗教情绪的戏剧。这些戏剧或音乐作品没有一个是真正的艺术。

1　Aristotle, *Poetics*, trans. Richard Janko, Indianapolis, IN: Hackett, 1987.

公众的兴趣只不过是"崇高的艺术魔力的替代品",而且甚至能够导致"对偏见的狂热追求"。这样的批评创造了一种社交形式——一种人类交往的形式,对话,相互激励,这些应该是任何教化的基本条件。但是这里社交性"微不足道且缺乏原创性"。面对贝多芬和莎士比亚的作品,大众已经无力批评。如果我们回想一下尼采赋予悲剧的政治重要性(第21节开头),这个微不足道的社交活动则对政治批评非常重要了,它可以批评这个没有能力做民众的"民族"(参见第18节,注:论教化)。

然而,也有一些当代人,他们有"更高贵和更敏锐的感官",会被比如瓦格纳的《罗恩格林》感动,但是却缺乏"引领他们的手"——即缺乏尼采来引导他们。没有这个向导,即使是如此超凡的体验也将会逐渐消失 [1]。尼采哲学的一个必要支柱,在这里显示出来,就是他的教育学概念。设想出来的文化革命要想成功,领导者必须付出行动,而且在行动中培养未来的领导者。尼采现在开发的写作模式经常直接与读者对话(即最近几节中出现的"朋友";同样,查拉图斯特拉也与观众直接对话),而且关心对读者的培养是这个新的写作模式内置的特点。

第23节

未被扰乱的德国精神之统一

这一节可能是《悲剧的诞生》全书中最不冒进也最没有说服力的一节。尼采好像被迫向当下好战的德国民族主义做出让步,尽管他已经多次在书中有意疏远俾斯麦政权的战争文化。毫无疑

1　星星会短暂地闪烁,可能是指船底座伊塔星,一颗不稳定的恒星,在1870年发生过一次大爆发。

问,《悲剧的诞生》汲取的瑞士精神比德国精神要多。最直接的启发来自于巴塞尔的特殊的学术氛围、学术思想(巴霍芬,布克哈特)和贵族传统(公开讲座)[1]。尼采第一次见到瓦格纳是在1868年于德国举行的一次聚会上,但他开始与瓦格纳有频繁的社交接触是在1869年,他到达巴塞尔以后,那时瓦格纳住在卢塞恩湖旁的特里布森(Tribschen)。尼采在后来的几封信中曾写道,他觉得自己是个瑞士人[2]。尼采在拜访巴塞尔的时候,已经放弃了他的德国护照,然而他也没有申请瑞士国籍,所以,严格意义上来讲,尼采一生中大部分时间都处于无国籍状态。尼采在这里大肆颂扬德国性格的美德,无疑冒了不一致的风险。他还倡议找到一层层外国影响下的"德国国民性格的纯净的、充满活力的核心",这样做的结果有损他对混合状态、中间状态和基本动力叠加的美学理论。在阅读这些段落的时候,从尼采的遣词造句来看,他好像也没有完全被自己所写的东西说服。

第1段邀请读者参与一个实验,测试在多大程度上他们是一个"审美听众",并检验他们对悲剧舞台上或乐剧舞台上发生的"奇迹"的反应。(尼采这里可能指的是休谟对奇迹的著名讨论[3]。)我们可能会看不出来吗?或者,像欧里庇得斯和苏格拉底一样,只是无法理解它,看到的只是它与心理学原则冲突(这个情况与早期的审美听众类似,只是欧里庇得斯和苏格拉底根据自己的原则主动地否定它,而不是等着体验慢慢褪去)。那么,我们是否将奇迹看做只有孩子才会相信的东西(或者,我们通过学习知道,这是古代

---

1   参见 David Marc Hoffmann(ed.) , *Nietzsche und die Schweiz*, Zürich: Strauhof, 1994; also, Andrea Bollinger and Franziska Trenkle, *Nietzsche in Basel*, Basel: Schwabe, 2000.

2   《尼采在巴塞尔》(*Nietzsche in Basel*) ,第20页。

3   参见 *Enquiries Concerning Human Understanding*, ed. P. H. Nidditch, 3rd edn., Oxford: Oxford University Press, 1975.

人相信的,而我们不再相信的东西);还是别的什么? 审美听众首先是"被设定"可以理解神话的,不用借助于"抽象调解"(比如,美学公式或者宗教概念)——这将我们带回到**第 1 节**第一段对"直觉"的讨论。这一段随后从实验转到描述神话的作用,(1)神话自己可以阻止艺术漫无目的的闲逛(甚至是日神艺术);(2)神话服务于教化年轻人;(3)神话提供解释生活和世界的一手的、直接的方式;(4)神话构成文化和国家"有力的、不成文的法律"。

这一段的核心隐喻就是游牧生活("游荡"、"闲逛"、"寻找"、"追逐")和安居生活("起源之地"、灶神)的对比。没有神话,"所有的文化都会丢失他们健康的、有创造力的、自然能量"(变得"饥渴"并从世界各地、从文物中徒劳的收集知识和文化形式)。另外,只有神话的地平线可以联合"文化运动"(给予一个家园)。后一点带我们回到**第 21 节**阐述的政治观点。尼采提醒我们,苏格拉底主义决心要摧毁神话,并带领我们走向这个现代困境。随着文艺复兴时期重新燃起的对古代世界(尤其是后希腊世界:亚历山大和罗马时期)的强大兴趣,这个困境变本加厉了。尼采暗指,虽然德国一直在抵抗这个趋势,一直到最近才放弃。这里他引用了路德,尤其是路德教派众赞歌(Lutheran chorale) [1]。

这里对比了现代德国和"文明"法国。尼采这里使用了德国民族文化的优越性这个旧论点,德国的优越性不是建立在它满溢的特征,相反,是建立在匮乏之上,建立在与别的国家相比,它所缺乏的东西之上(这里是指,学术知识和对别的文化的鉴赏,还有文化和民族认同)。德国人民的伟大之处在于他们有潜力变得深刻,这从德国语言和文化中可以显示出来,而不是像法国那样,拥有较高

---

[1] 尼采对路德的看法是复杂的。在《善恶的彼岸》,尼采称之为现代德语的主要建筑师(第 248 节),而在《快乐的科学》第 358 页和《道德的谱系》第 106 页里,又说"路德,这个农民……"。

水平的"外部"文明。尼采认为,法国也有过"民族和文化认同"——人民的"深刻"与外部文化的表现形式相匹配。现在,那个文化在现代表现形式中已经找不到根基,人民也纷纷效仿。德国在这方面的落后避免了这个"可怕的"结果,因为德国身份的核心没有受邪恶的现代文化所影响。尼采写道:"我们这个值得推敲的文化与我们国家性格的高贵核心仍然没有什么共同点"。将德国的落后当做它将来变得伟大并超越别的国家的资本,这种基于"仇富"心理的辩护,是年轻气盛的尼采崇拜德国文化沙文主义的最明显的例证。在后期的作品中,尼采激烈地否定这一带有偏见性的论点,取而代之,对土气、落后的德国文化进行了猛烈的攻击(参见,例如《自我批评的尝试》)[1]。

第4段,用一系列主旨主题,重述了对悲剧的核心分析。有三点值得注意。第一,尼采认为,艺术延长了神话的生命,并预防它毁灭:"所有的希腊艺术,尤其是希腊悲剧,延缓了神话的灭亡"。反美学的苏格拉底动力促成了神话的崩塌,随之崩塌的还有宗教和民族身份。第二,我们应该质问,如果当前的危机问题是受了外部影响的德国性格的纯净性,那么希腊人如何能够成为"我们光芒四射的领导者"?尼采的答案是,遵循希腊人的模式和模仿他们的文化形式是有区别的(参见第3节,注:尼采,德国的希腊主义与荷尔德林)。如我们所强调的那样,人无法回到过去,"变成希腊人"。尽管如此,这一整段缓和了本节剩余部分明显的民族主义。第三,尼采在这里对比了"永恒的印记"的价值(这里指形而上学,酒神)和"历史"的价值(指与苏格拉底/亚历山大文化有关的事物:新闻业,研究古代世界的学术方法,"世俗"和"轻浮的神化当下")。这个讨论可以跟第10节对比。

---

1   比如,"德国精神的荒芜……",《道德的谱系》,第115页。

《悲剧的诞生》将当代德国文化类比于希腊古典文化。将普法战争的前线复制成文化前线,尼采单挑出拉丁文化作为敌人。然而,尼采这里的语气充满试探性,整篇都充满了限定性条件,好像他被要求重复一个公式一样。在召唤德国精神的时候,他说,"某些人可能倾向于相信",否定拉丁影响会是一个开始,并且普法战争"可能是对外准备"。("拉丁"这个词是精心挑选的,意指路德对抗的法国及天主教堂,当然对比的是希腊人。)后一个主张马上附加了条件:除非审美听众被调到"灶神"频道,否则战争是没必要的。(在希腊神话中,赫斯提亚从来没有离开过神殿;因此它指的是国内的有根基的神话。)读起来好像尼采在用微不足道的称赞来谴责俾斯麦战争倾向。对外来的排斥一定是受了德国文化模式的影响,而不是被德国热烈的战火所鼓动的。

第 24 节

对世界是激进的美学现象的验证——不协和音理论

这一节尼采最后一次回顾悲剧,以便完成他对视界(vision)隐喻的阐述(从**第 21 节**开始),同时也介绍了一个新的音乐范畴:不协和音。一个明确的目标就是,使用新的"审美听众"(或观众)的概念,了结在**第 16 节**开始提出的悲剧快感的问题。为了做到这一点,尼采花了很长的篇幅解释"音乐悲剧"中的"日神幻觉"概念是艺术形式最理想的混合形式。

第 1 段和**第 2 段**从日神幻觉的角度提出了论点。酒神音乐在日神的"中间世界"里"释放自己"(参见**第 7 节**),而日神形象被强化,并在前所未有的程度上显现在观众面前。第 2 节重新解释了现代音乐悲剧中的象征理论。通过与音乐结合,悲剧的表象开始了解自己。但是这种了解并没有停留在只是知道自己是表象这个层面。日神一直都知道这一点(除非病态的时候),他甚至知道,尼采说,这个表象是意志这个汹涌海面上漂浮着的美丽幻觉(第4节)。这样的意识使日神艺术形式有了"平静的喜悦"的可能。"表象"开始意识到,它的新身份不仅是表象,而且是一个特定的形而上学维度的象征性表达。审美观众不再满足于形象———一旦外表被"否定",它带来的愉悦就不再完整。随之而来的是对"更高层次的满足感"的追求。观众想要"撕破面纱"、"揭开秘密",但是"完全可视的"象征表面阻挡了他们。尼采说,我们"只能观看",但也"充满了突破观看的欲望"。这一强化的效果只能在悲剧这个混合的艺术形式中发生,或者在瓦格纳的乐剧中发生。

深度是可以体验的,但仅仅看到形象背后的东西却无法获得这个体验。相反,意义的深刻只能通过负面的角度去窥视,在对作为外表的外表进行否定和毁灭中,在受命运摆布的英雄个体的出现和毁灭中来体验。表象背后的力量证实自己的作用:在悲剧中,他们活跃在背景当中,不断地以人类能够理解的形式编造外表,并不断地毁掉它们。毁灭有两个明显的象征功能:在形象转变成象征符号时否定形象,使人们看到自然地周期性的创造/毁灭力量,从这个方面来看,所有的表象都是转瞬即逝的。认知这些形象并察觉到它们的转瞬即逝性,这种双重感觉使我们能够理解"世界是深奥的,比白天所知的更深奥",尼采在《查拉图斯特拉如是说》里面的《午夜》诗中这样描述到。

第3段邀请我们把对审美观众的解释"转译"到悲剧艺术家身上。这本身就很有趣:艺术创作者(或者由创作者代表的力量本身)体验事物的方式与观众相同。两个过程是彼此的镜像,艺术是二者的桥梁。这有几个重要意义。首先,它帮助我们理解,为什么尼采能够宣称,比如在**第7节**,合唱团成员和观众都可以起到戏剧家的作用。其次,这个观点帮助我们了解为什么尼采反对强调欧里庇得斯作品中的技术层面(还有亚里士多德的《诗学》,这本书实际上就是为有抱负的戏剧家准备的一本操作手册)。艺术应该产生于直观或本能,而不是技术规则和过程(显然也应该以前一种方式被评价)。第三,它刺破了对个体创造性天才的浪漫想象。相反,作为个体的艺术家或许完全是个偶然,是力量的结合,通过他或她来表达自己,这(作为普遍性的力量)在观众身上也找得到。这意味着尼采可以很快地从对观众的分析换挡到对艺术家的分析(或反之,比如**第6段**)。

149

　　尼采的新悲剧美学有一个核心的矛盾问题,即丑陋的艺术"美感"(这里的"丑陋"指的是悲剧中所有的痛苦、挣扎、无法满足和毁灭)。这个问题第一次是从悲剧艺术家的角度提出的;换言之,这个问题就是,为什么艺术家要撰写或创造如此恐怖的东西? 这个问题的理论难度在于理解为什么描写丑陋受到偏爱,而不会阻止艺术家成为艺术家,即这样做如何才能不会越过美学范畴的边界,陷入"同情、恐惧或者道德崇高的领地"(参见**第22节**)。日常生活的现实包含恐怖的事情,这个事实不是问题的答案,因为,这个问题问的不是现实而是艺术(艺术通常提供"更高的乐趣")。那么很显然,悲剧艺术没有从任何直接的意义上模仿自然,而是提供了一个"形而上学补充",一种克服它的方式。("补充"是一个有意思的词,意味着我们要认为自然或现实在某些方面是不足的。正是酒神智慧可以既展示出不足,又使补充变成可能。)然而,悲剧艺术克服或者"转变"的是什么呢? 不是现实的外表,因为它一面使我们审视最清晰、最明亮的幻觉表象,一面告诉我们"这是你生存的时钟的时针!";神话是我们理解自己和理解世界最直接的手段(**第**

23 节)[1]。

　　尼采对丑陋的美学的探索不仅仅补偿了他对当代德国乡土气息的妥协(这是他在第 23 节提到的,本节第 8 段再次找到了"发展德国性格"的希望),建立丑陋之美学也使尼采在欧洲前沿的美学家和艺术实践家队伍中获得了一席之位,他们的目标就是创建一个包含当代现代文化现象的新的、充分的美学理论及实践。这里,瓦格纳(参见第 16 节)发现自己非常接近这个领域其他欧洲艺术家的位置,比如说福楼拜和和波德莱尔,甚至是丁尼生或狄更斯。美学理论的条件必须大大拓宽,才能容纳毁灭、痛苦和破裂这样的反乌托邦视野。

　　为了回答转变的问题,尼采再次回到第 5 节他第一次提出的意图论题,来试图解释"形而上学艺术"。他重复说,"只有作为美学现象,生存和世界才是永恒合理的"。这句话现在得到了验证。尼采暗示,它的意思是,"悲剧神话尤其必须要说服我们,即使丑陋和不和谐也是意志(在它的喜悦得到永恒满足之后)与自己玩的一个艺术游戏"。意志的形而上学现实不是一个道德现象;毁灭和丑陋只不过是它的活动的其他形式,不能从创造和美感的角度判断他们的价值。或者,如果你喜欢的话也可以说,意志的活动就是正义(如尼采在谈论埃斯库罗斯的正义模式时暗示的那样,第 25 节也有提到)。意志不安分的活动最好被作为一个美学现象来看待,因为这个活动(像所有艺术一样,包括日神艺术,甚至科学)通过转变来达到安慰或创造喜悦的目的。

　　能够算上艺术,或甚至丑陋的艺术的美学现象,只有在音乐本身与悲剧神话充分实现的戏剧结合时才能发生。在新的现代歌剧

1　变形(transfiguration)是 Verklärung 的标准翻译;但是,我们不要忽略,德语版本的词根不是人物形象或形式,而是**清晰度**。根据尼采眼镜的隐喻,这个词的意义是使变得清晰可见,或甚至是变透明。

中,悲剧神话的象征性现实调解表象世界和事物的内在本质,而其中音乐代表的就是黑暗恐怖的意志世界。作为全书的结尾,尼采在这里大肆赞扬一种特殊的音乐之"丑":"不协和音"。当我们听到不协和音时,"我们想继续听,但同时也想超越听觉"。不协和音,"大体上可以称为音乐本身",尼采宣称,它是对世界合理性唯一真实的解释。在不协和音中,任何肤浅的"经典的"美感概念,比如和声,都被丢掉,而艺术象征性地代表生命的完整。通过审查不协和音这一现象,尼采希望能够启发"悲剧的作用这个难题"。如果我们还记得,尼采认为,亚里士多德对精神宣泄的答案,并没有回答这个问题,因为它将重点从美学移开,偏向了病理学这个领域,而歌德虽然清楚地知道这个问题的美学维度,却避而不答。只有现代歌剧全面展开了这个问题,并给出了激进的答案。在音乐悲剧中,美学体验包括走到感官体验的界限并获得某种形式的象征性理解。

151

尼采对不协和音的讨论使他走向新音乐美学的高点,这是 20 世纪音乐理论及实践的跳板。以阿诺德·勋伯格为核心的第二代维也纳音乐学派创建的现代音乐,就是建立在探索不协和音的基础之上(参见**第 16 节,注:尼采,音乐和风格**,这里讨论了瓦格纳歌剧中的不协和音现象,以及它与《悲剧的诞生》写作风格的关系)。艺术,从整体上来说,并不是撬开世界真理这座紧闭的大山的工具,也不应该要求它通过间接方式获得科学和哲学无法取得的成就。相反,只有悲剧乐剧才能展示世界真正的双面性,因为只有悲剧神话和音乐的结合才可能揭示表象世界和事物本质之间相互依赖的关系。

最后两个段落突然怪异地改变了语气,从讨论音乐悲剧的形而上学和美学意义转到德国的文化政治。这一节结尾再次向德国天才献媚,说在"无尊严的漫长时期"当它"侍候那些奸诈的矮子"

时,已经忍受了足够的压迫。尽管这样,德国精神"仍保持完整"(参见**前一节**),人们的"酒神能力"仍然"很健康"。它就像一个沉睡的骑士(下面的形象取自瓦格纳的《齐格弗里德》)。没有被削弱的酒神能力的证据不仅有德国音乐接受了悲剧戏剧和不协和音的可能性,还有它针对神话的能力依然存在(瓦格纳大量使用北欧神话可能就是这个意图)。对于它的苏醒和归乡,人们已经等得太久。

第 25 节

论不协和人

152   尼采总结说,他终于成功地将古代悲剧现象和现代乐剧结合在一起。从形而上学角度来讲,他们是同一个现象,处在完全不同的历史和文化条件之下,二者即使面对"最糟糕的世界"也能不受邪恶的侵害。(这里指的是莱布尼茨,他试图证明现有的世界是"最好的世界";伏尔泰在《老实人》中狠狠地嘲弄了莱布尼茨 1。)正如前者证实了希腊人曾有的"酒神能力",后者证实了当前德国文化的机遇,这个机遇部分是因为占主导地位的苏格拉底文化陷入了危机。然而,如果像尼采议论的那样,19 世纪的德国音乐,从贝多芬到瓦格纳,尤其是瓦格纳的乐剧,是酒神能力苏醒的证据,那么(因为两个动力离开彼此就不能繁荣发展)日神也一定"已经降临到我们中间"。这个形象是在开解围之神(deus ex machina)的玩笑,这个玩笑字面意思是指舞台器械,可以允许扮演神的演员从舞台上方降落下来(或许之前藏在一块云状幕布后面,而且通常是

---

1   参见 G.W. Leibniz, *Theodicy*, trans. E. M. Huggard, Chicago, IL: Open Court, 1998. Francois Voltaire, *Candide: Or, Optimism*, trans. Theo Cuffe, London: Penguin, 2005.

像这里,在舞台最后面)。然而,这里,解围之神一定已经降临了,它是文化事件的一部分,而不是戏剧结尾时一个额外的、可分离的戏剧设备。还有一个笑话:那块云幕布是欧里庇得斯/苏格拉底舞台器械的一部分,是辩证法以及辩证法所包含的对戏剧本质的要求。因此,云幕布也是日神藏身的茧(**第14节**),它脱茧而出,蜕变成适应现代条件的形式。尼采评论说,未来的几代人,会看到它的美丽。

《悲剧的诞生》包含很多话题,但它最特殊的重要性在于它是一个针对文化的人类学理论——即,从文化现象的证据中研究人类生存的本质,而且从对人类的解读中更加深入地理解文化形式的本质及进化。因此,尼采在那个惊人的也令人难忘的短语中,用不协和音的音乐现象作为人类学比喻,也是相当恰当的:"想象一下不协和音长成人的样子——若非如此,人还能是什么呢?"酒神因此与人有了关联,人这个特殊的杂合体,是生物、精神和文化的不断变化的合成物,是文化动力竞争的场所,也是本能和有意识的控制之间挣扎的场所——这些都预示了尼采后来所谓的"人是一个不完整(或不确定)的动物"(nicht festgestelltes Tier,不坚决的动物)[1]。

153

《悲剧的诞生》的任务是理解悲剧艺术;因此,人类学的重点是在理解人(理解为一种特定的意志的客体化,在人身上创造性的、艺术的动力开始开花结果,并且人可以对此有精神意识)和文化(理解为既是人的产物,也是在教化中塑造人类的东西)的关系。文化在这里被理解成内化的人类本能的一种外化的物质空间。但是人类维度已经是一种关系(它是一个不协和音)。悲剧文化的产物能够允许我们用象征符号代表这一事实,这第一次为基本人类

---

1 《善恶的彼岸》,第62节。

学带来了一种可能,使它可以将那一套象征手法作为研究的对象。艺术,更确切的说是音乐悲剧,是最高形式的文化活动,因为它用象征使人类生存变得完整,提醒我们(并给我们深深的安慰和愉悦,使我们认识到)我们多维度的人类本质。悲剧使痛苦保持活力,包括人战胜自然而引起的痛苦,将整体肢解成个体的痛苦,同时这种痛苦也提醒我们,作为意志而生存的极大乐趣。因此,通过文化,我们间接地补偿了与自然之间缺失的连接,这也使真实的社会和政治关系变成可能。因此,文化是历史上必然实现的人类状况。

由于尼采的洞见,如果我们能够在梦里被"穿越"回希腊生活,我们也会用"直观"感受身边的美,而不像现在的学者一样(将它作为终点)。相反,我们会将它看做一个象征性的证据,证明这些希腊人对他们的酒神根基的尊重和理解。但是我们也会想到,他们的生活所面对的巨大挣扎,以及为了达到美所承受的痛苦。

接受与影响

当代对《悲剧的诞生》的接受

《悲剧的诞生》是一个宣言。它的年轻作者与他所处的时代和文化背道而驰,他接受文献学教育,并受聘于文献学(他是巴塞尔大学的文献学教授),但却无视这个学科的界限。读这本书会使人感动。当然,这是因为我们会惊讶于书中充满活力的新思想和用于介绍这些新思想的原创性符号。但是,它使人感动还因为,我们意识到尼采作为文献学作家,他用这第一本著作与一些人划清了界限,而这些人曾经预测他(帮助他)将来会成为伟大的文献学教授。尼采的第一本书,从当代公众的认可度来讲,也是他的最后一本书。这本书震惊了他的"朋友们",也给他树立了无数敌人。发表出来时,文献学家乌尔里希·冯·维拉莫维茨-莫伦道夫对其进行了猛烈的论战攻击,并将其撕成碎片:他展示了尼采在众多领域如何歪曲了文献学事实,并抨击他贬低了德国文献学近期所取得的高水平成就。接下来,公众支持与反对《悲剧的诞生》的论战持续了一小段时间。尼采的朋友欧文·罗德表示,莫伦道夫对尼采断章取义。这本书的被题献者,理查德·瓦格纳[1],也干预了此事,屈尊俯就地写了一篇报道来支持尼采,而报道的大部分内容都没有回应莫伦道夫批评的细节。瓦格纳的干预可能对尼采来说弊大于利,因为这样会使尼采看起来就像瓦格纳大师的一个使唤工。辩论一直持续到现在[2]。这场激烈的论战,证明《悲剧的诞生》带来了一个新的声音,这个声音想要动摇一些事情,而且被深深的误解了。由于提出了出人意料的激进的(对于德意志第二帝国的文明市民来说,令人不舒服的"现代")新理论,涉及文化、历史和美

155　学,《悲剧的诞生》将一个前卫的元素添加到当时单调的文化、学术及主要是军事—政治元素的混合理论中,这个混合理论帮助塑造了 1871 年德国统一的基本运动。(尼采在**前言**中谈到军事战争和美学理论的关系。)我们需要记住,如果直接断定这本书是一个德国人对德国历史事件的贡献,可能太过草率:这本书是在瑞士撰写的,这是一个举足轻重的事实[3];当时看似舒服的半流放状态,无疑鼓舞了尼采激进和过河拆桥的态度。

《悲剧的诞生》的"来世":几个例子

　　我们相信我们可以安全地断言,《悲剧的诞生》是 19 世纪下半叶留给我们的最重要、最有趣的一本书之一。与之同样重要的还有,比如尼采的《查拉图斯特拉如是说》,达尔文的《物种起源》

1　确实,这本书的一部分手稿作为生日礼物送给了瓦格纳的妻子,科茜玛。

2　投稿被收集在一个单薄的卷宗之中:Karlfried Gründer(ed.), *The Quarrel about the Birth of Tragedy.*(Der Streit um Nietzsches *Geburt der Tragödie*,[contributors are Erwin Rhode, Ulrich on Wilamowitz-Moellendorff and Richard Wagner]),Hildesheim:Olms,1989.

3　参见我们在**前言**和**第 22 节**,对尼采的政治忠诚和政治立场的讨论。

（1859），马克思的《资本论》（1867—1894），还有弗洛伊德在 19 世纪末创作的《梦的解析》。

当然，尼采的作品被 20 世纪法西斯政治利用，使他声名狼藉。这场运动急迫地需要理论支撑，所以他们不管适用与否，断章取义地利用了所有他们能利用的理论，包括康德、歌德和荷尔德林。尼采的作品就是在这样的情况下被错误的人出于错误的原因利用到这场运动中。尼采的作品被滥用到如此程度，尼采本人也难辞其咎：尼采策略性地使用夸张手法，偶尔使用带有成见的民族和种族分类，以及总体上天真的政治观都为滥用敞开了大门。瓦格纳是一个公开的反犹太主义者，尼采与他的亲密关系也使人浮想联翩。然而，我们明确地知道，尼采总体上是不信任民族主义和军事主义的，但他晚期确实成为了一个坚定的反犹太主义者[1]。

这本书引领了后来在文化理论和文化实践方面的发展，为了阐释它的重要性，我们可以简单地回顾一下三个不同领域对此书的接受情况：心理学、现代主义艺术和文化人类学。我们这本书本身已经讨论了它具体的影响，尤其是对文献学方面的影响。

心理学

156

《悲剧的诞生》与 20 世纪心理学理论有直接的联系。"尼采和弗洛伊德就像面对面的两个语篇"，保罗-劳伦·阿苏（Paul-Laurent Assoun）在他的《弗洛伊德与尼采》中这样总结到[2]。弗洛伊德在世纪交替时发表了第一本主要著作《梦的解析》，它与《悲剧的诞生》的相似性一目了然：两本书的主题都是对梦的解读；还有本能与意

1　大部分的损害都是由他妹妹及其领导下的魏玛尼采协会造成的，他们利用了尼采的夸张手法等，操纵引了尼采放弃的大部分片段思想，甚至偶尔还对作品造假。

2　见 Paul-Laurent Assoun, *Freud and Nietzsche*, London：Continuum, 2006, where the link is investigated in fullest detail, here p.189.

识之间的冲突;二者都包含个体发育(某物的生长阶段)和物种发展(某物种的进化阶段)因素之间关系的概念。二者的主要兴趣都是探索梦的调解力量。尼采更侧重文化心理学,研究直觉,认为直觉是文化发展的源泉,而弗洛伊德侧重于个体心理结构,强调性驱力是个体同一性的隐藏着的决定因素。跟尼采一样,弗洛伊德也认为意识会毁灭我们的梦境世界,并将我们与隐藏的那部分自己分离开来。两本书的假设都是——如弗洛伊德所说——梦境是"通向了解精神无意识活动的阳关大道"[1]。在《自我批评的尝试》中,尼采指出,他是从精神健康的角度讨论文化。谈的都是"症状"、"恶化"、"神经症"等;有一次,他将自己的结论摆在了一个医疗顾问面前:"这个问题要问精神科医生"(p.7),好像他真的非常关心这个领域未来的实践/理论。在正文第 1 节,尼采提到一个心理—病理学现象,即对梦境表象和实物表象混淆不清。他在其他地方还使用了别的术语,比如"升华"、"抑制"、"客体化"等。这些术语都是弗洛伊德和其他心理学理论反复引用的重要术语。

尼采和弗洛伊德的理论都包括一个假想出来的完美的生存状态,这个状态与精神健康和心理卫生方面相关:个人健康或者文化系统的健康取决于意识和潜意识力量的健康关系,梦境就是现实和幻想的中间状态。因此,可以说,《悲剧的诞生》奠定了其后个体和集体文化心理学理论的大部分基础。尼采去世之后,这本书立即开花结果,获得了尼采有生之年被否认的地位:一本意义深远的、划时代的著作。

现代主义

《悲剧的诞生》对 20 世纪上半叶的美学哲学和欧洲现代主义

1　参见 Sigmund Freud, *The Interpretation of Dreams*, Standard Edition of the Psychological Works, vols.4 and 5, London: Hogarth, 1975, here vol.5, p.608.

风格产生了最为深远的影响[1]。小说家托马斯·曼的小说《魔山》(1924)这一标题就出自《悲剧的诞生》(参见**第 20 节**);法国作曲家弗洛朗·施密特将他的一首曲子称为"致酒神"(Dionysiaques,1911)。在哲学领域,1930 年代末期,马丁·海德格尔作了一系列关于尼采的讲座;第一场讲座标题为"作为艺术的权力意志",其中包括对尼采第一本著作的详细讨论[2]。

从现代时期快结束的视角回看"现代性"开始之前的阶段,是20 世纪上半叶艺术、文学和政治领域惯用的思维手法。《悲剧的诞生》的意义在于,它为现代主义者重新宣扬古代神话提供了理论依据。T.S.艾略特了解尼采,主要是通过弗雷泽(Frazer)的《金枝:巫术与宗教研究》(*The Golden Bough. A Study in Magic and Religion*,1890—1915)[3]。除了在诗的第五部分提到查拉图斯特拉的登山之旅,《荒原》还引用了瓦格纳的《特里斯坦与伊索尔德》,可见《悲剧

1　参见 Leon Surette, *The Birth of Modernism. Pound, Eliot, Yeats, and the Occult*, Montreal:McGill-Queens University Press,1994。这里讨论了尼采对几个主要的现代主义作家的影响,并考察了他们的英文作品中尼采的痕迹。尼采与当代文学及批评的关系,参见 Douglas Burnham and Melanie Ebdon, 'Philosophy and Literature', in *The Continuum Companion to Continental Philosophy*, ed. John Mullarkey and Beth Lord, London:Continuum, 2009.

2　四卷合成两卷,收集在 Martin Heidegger, *Nietzsche*, trans. David Farrell Krell, San Francisco, CA:Harper & Row, 1991. See Paul Gordon, *Tragedy after Nietzsche, Rapturous Superabundance*, Chicago, IL:University of Illinois Press, 2000。海德格尔传统,以及对尼采总体的艺术理论和悲剧理论的讨论,参见 Denis Schmidt, *On Germans and Other Greeks:Tragedy and Ethical Life*, Bloomington, IN:Indiana University Press, 2001;David Farrell Krell, *The Tragic Absolute. German Idealism and the Languishing of God*, Bloomington, IN:Indiana University Press, 2005; and John Sallis, *Crossings:Nietzsche and the Space of Tragedy*, Chicago, IL:University of Chicago Press, 1991.

3　这本最初在 1890 年发表时只有两卷,到 1915 年第三版扩展到十二卷。1915 年版又重印成十五卷(Basingstoke:Palgrave MacMillan, 2005)。弗雷泽本人在 1922 年编辑了一个只有一卷的简版;这个简版现在有简装版本:London:Penguin,1996. 对于像艾略特和叶芝这样的现代主义诗人,《悲剧的诞生》与《金枝》构成了影响来源的一部分。

的诞生》对这部剧的评价之高。总体来讲,艾略特在《荒原》中表达的文化理论暗示大众文化的衰落,这似乎效仿了《悲剧的诞生》。艾略特的戏剧《大教堂里的谋杀案》(*Murder in the Cathedral*)就是对尼采悲剧理论的阐释。埃兹拉·庞德(Ezra Pound)的一些诗歌,就是受尼采宣扬的悲剧颂神诗(比如,在**第 8 节**)的启发,致力于振兴前苏格拉底的希腊时代前意识的艺术文化:1917 年的《诗章》第一篇就是一个很好的例子[1]。还有大量的作品,尝试构建新的艺术表达的整体形式,这种表达建立在限制意志的抑制力量之上。因此,也许有些牵强,但认为"意识流"或者"自由写作"(écriture automatique)[2]与《悲剧的诞生》之中描述的直觉艺术创造之间有关联,也不是不可能。

　　作曲家居斯塔夫·马勒证明,《悲剧的诞生》直接影响了音乐的现代主义之新语言的创建。可以认为,他的第一至第四号交响曲,还有第六号交响曲,直接尝试应用了《悲剧的诞生》中发展的音乐美学理论。完全遵循尼采的音乐混合理论,马勒远离了"无标题音乐"的观念。其目标是从尼采的意义[3]上,扩展音乐的可能性,做法就是在不同的音乐节点添加诗歌,大部分诗歌都来自《悲剧的

1　参见 Kathryn Lindberg, *Reading Pound*, *Reading Nietzsche*. *Modernism after Nietzsche*, Oxford:Oxford University Press,1987.

2　有一大批法国学者研究各个领域对尼采的接受情况,当然也包括现代主义领域。参见 Jacques Rider, *Nietzsche en France*, Paris:Presses Universitaires de France, 1999.

3　Alma Mahler, *Gustav Mahler*, *Memories and Letters*, London:Cardinal,1990,作者在这里汇报了马勒总体上反对尼采的美学哲学立场,并且尼采后来的反-瓦格纳立场他也不喜欢。最近学界更正了这个观点,认为太过简化了。不管在个人层面还是音乐层面上,都有大量证据显示,马勒的艺术观与尼采早期的立场越来越相似。参见 William J. McGrath, *Dionysian Art and Populist Politics in Austria*, New Haven, CT:Yale University Press,1974,关于马勒的一节,这里探讨了马勒和尼采早期的一些接触。

诞生》中提到的民歌(第 6 节):《少年魔号》。然而,据阿多诺所说[1],马勒所有的交响乐,即使是那些没有添加诗歌的,也可以从这个角度解读,因为"纯音乐性的"乐章也是以发展可辨认的形象这种新的音乐语言为目标。还有一大批作曲家可以证明尼采对新音乐的巨大影响,比如理查·施特劳斯,或马勒的学生阿诺德·勋伯格。后者直接将《悲剧的诞生》之中的术语题名为他的一部重要作品:交响诗《升华之夜》,这对尼采的传承甚至超过了马勒。勋伯格以作曲为实验材料,试图扩展调性本身的疆域[2]。

在 20 世纪戏剧领域,也有一些发展是直接与《悲剧的诞生》相关的[3]。这里要特别提到安东尼·阿尔托。他的《残酷戏剧》可以找到尼采的悲剧具有毁灭性效果的思想[4]。然而,阿尔托并不像尼采那样痴迷于将悲剧看作是酒神生存体验的日神转变。阿尔托并不关心"形而上学式慰藉"。在《戏剧及其重影》,尤其是《戏剧与瘟疫》这篇论文中[5],我们可以看到尼采悲剧理论的一个不折不扣的酒神版本。他的兴趣在于将戏剧看作一个载体,自舞台上,在愤怒的酒神令人沉醉的魔法之下,个体和社会行为的文明标准分崩离析。这也许是对尼采文本的极端解读,但很明显是受了尼采的启发。通过阿尔托,尼采的影响以不同的方式被传播到戏剧之中,影响了格洛托夫斯基、伯奥(Boal)等人。彼得·布鲁克(Peter Brook)

1　Theodor Wiesengrund-Adorno, *Mahler. A Musical Physiognomy*, Chicago, IL: University of Chicago Press, 1996. 尤其是第一、三、六章。

2　全面的解释,参见 Georges Liébert, *Nietzsche and Music*, trans. David Pellauer and Graham Parkes, Chicago, IL: University of Chicago Press, 2004.

3　参见 T. John L. Styan, *Modern Drama in Theory and Practice*, particularly vol 2: *Symbolism, Surrealism and the Absurd*, Cambridge: Cambridge University Press, 1983.

4　参见 'The Own and the Foreign Orient. Schlegel, Nietzsche, Artaud, Brecht. Notes on the Process of a Reception' in Erika Fischer-Lichte et al. (eds), *The Dramatic Touch of Difference*, Tübingen: Narr, 1990.

5　参见 Antonin Artaud, *The Theatre and its Double*, London: Calder, 1970.

159 的戏剧改革(1964 年他在伦敦召开"残酷戏剧"研讨会),为戏剧创新开辟了道路,《悲剧的诞生》的传奇影响从此进入了英国戏剧理论和实践之中。

文化人类学

《悲剧的诞生》终结了对希腊的古典主义和浪漫历史主义看法。他们将希腊看作丢失的乐园,想努力恢复乐园,旨在对抗或减轻在现代性条件下生存的痛苦。相反,尼采是从完全相反的角度对待希腊,因为他接受现代性。他提出,这些正在工作的力量,在希腊历史发展的五个阶段(从希腊铁器时代到阿提卡悲剧时代,参见**第 4 节**)如何在总体文化历史中体现自己?他还提出,在他们自己的当代文化环境中,他们存在于哪些方面?结果就是对希腊文化和神话的"科学观",这个科学观预示了文化和社会人类学领域在 20 世纪的位置。该书也预示了研究文化的心理学方法,这个方法体现在文化衰落保守主义理论家的作品之中,比如奥斯瓦尔德·斯宾格勒(Oswald Spengler),C.G.荣格(C.G.Jung),阿诺德·汤因比(Arnold Toynbee)等。荣格的术语,比如"集体无意识"(参见,比如**第 8 节**)和"原型"(archetype;参见,比如**第 15 节**),好像都是直接从《悲剧的诞生》中衍生出来的[1]。在英语国家里,有一个项目与它的关系最为直接:前面提到的弗雷泽的比较神话学的鸿篇巨制《金枝》,就与《悲剧的诞生》一脉相承[2]。颇具影响力的社

---

[1]　参见 Paul Bishop,'Jung and Nietzsche',in *Jung in Contexts. A Reader*,London:Routledge,1999.

[2]　参见《酒神》第 XIII 节,'Dionysus',Penguin edition,pp.464-71.

会人类学家布罗尼斯拉夫·马林诺夫斯基(Bronislav Malinowski) [1] 以及,比如克劳德·列维-斯特劳斯的结构人类学理论都可以认为是受了《悲剧的诞生》的成就的影响[2]。但他也在马克思主义文化理论,比如本雅明的、阿多诺的[3],以及可以泛称为"后现代"文化概念,比如福柯的理论中留下了痕迹[4]。

　　《悲剧的诞生》创作于旧式、甚至古老文化和当代文化的交替时期,是一个过渡性的、着眼于未来的文本。它的价值在于,它通过展示古代历史在哪些方面能够刺激现代,而促进了古代与现代的分离。这本书从近现代的角度,协助对文化历史进行划时代的重新评估。有大量证据证明它对 20 世纪思想主题和发展的巨大影响,而且这个影响仍在继续。希望这本书能够有助于传播它的影响,尽管我们无法详细地解释《悲剧的诞生》所促成的智力成果,至少它可以当作一个介绍。最后还有一个问题:尼采关于悲剧的观点,是正确的吗? 著名的瑞士古典文献学家,约阿希姆·鲁塔克斯(Joachim Lutacz)最近开创了一个新的学术方向,为《悲剧的诞生》在希腊文献学领域正名,最开始《悲剧的诞生》被认为是文献学领域的一个败笔。从大概 20 世纪下半叶开始,世人开始逐渐承

160

1　马林诺夫斯基明确表示《悲剧的诞生》作为一个基础文本,启发了他自己早期论文中的原创性方法,参见 'Observations on Nietzsche's "The Birth of Tragedy" ' 1904/05, in Robert J.Thornton, Peter Skalnik, (eds), *The Early Writings of Bronislaw Malinowski*, Cambridge: Cambridge University Press, 1993.

2　Tracy B.Strong, *Nietzsche and the Politics of Transfiguration*, Chicago, IL: University of Illinois Press, 2000,这里讲解尼采的人类学概念,并勾勒出卢梭,尼采和列维-斯特劳斯在人类学方法上的异同。

3　Adorno/Horkheimer's *Dialectic of Enlightenment*(1947), San Francisco, CA: Stanford University Press, 2002,这本书将"原始"希腊与启蒙运动并置,尤其受了尼采的文化心理学理论的影响。

4　全面探讨尼采对后现代理论的影响,参见 Clayton Koelb(ed.), *Nietzsche as Post-modernist.Essays Pro and Contra*, New York: State University Press, 1990.近代严肃对待《悲剧的诞生》的哲学家中,参见 Giles Deleuze, *Nietzsche and Philosophy*, trans. Hugh Tomlinson, London: Continuum, 2006.第一章。

认,《悲剧的诞生》不仅正确地总结了关于悲剧起源的当代研究(这是自从 18 世纪下半叶开始,几代文献学家都很熟悉的观点,尼采并没有添加新的论点:所有观点源自亚里士多德的《诗学》。令人震惊的是,鲁塔克斯指出,甚至连尼采提出的悲剧源自音乐的想法也不是新的!),而且它也提出了悲剧对于文化和文献学的重要性,及悲剧产生的环境等新问题;维拉莫维茨-莫伦道夫学派的传统实证主义希腊文献学无法解答这样的问题,因此无法承认它们的有效性。因此,鲁塔克斯认为,历史总是带点讽刺意味,乌尔里希·冯·维拉莫维茨-莫伦道夫最初极力反对《悲剧的诞生》一书的文献学视角,并葬送了尼采生前作为文献学家和哲学家的名声[1],而恰恰是维拉莫维茨-莫伦道夫的学生们首次肯定了尼采对文献学领域的实际贡献。

---

1   参见'Fruchtbares Ärgernis':Nietzsche's 'Geburt der Tragödie und die gräzistische Tragödienforschung', in *Nietzsche und die Schweiz*, Zürich:Strauhof, 1994, pp.30-46, cf.particularly pp.41-44.

进阶阅读书目

文本

尼采使用了大量的音乐、文字游戏、双关等。这也是这本书非常难翻译的原因。我们使用了剑桥大学出版社的版本作为我们的"基准"译文：*The Birth of Tragedy*, trans. and ed. Raymond Geuss and Ronald Speirs, Cambridge：Cambridge University Press, 2007。这个译本还颇有帮助地涵盖了其他几部尼采早期的重要作品，比如，重要的论文《论真理与谎言》（On Truth and Lying），尽管它没有被尼采发表。也有其他几部不错的英文翻译，比如，Douglas Smith, *The Birth of Tragedy*, Oxford：World's Classics, 2000，或者 Shaun Whiteside, *The Birth of Tragedy*, London：Penguin, 1994。《悲剧的诞生》的第一个译本，也是最好的译本之一，现在仍有销售，这个译本部分得益于当时德语与英语的相似风格：William A. Haussmann, ed. Oscar Levy, vol. 1 of *The Complete Works of Friedrich Nietzsche：The First Complete and*

Authorised English Translation, in 18 vols, London: Foulis, 1909-13.

尼采的一些文字艺术无法(完全)翻译出来,读者只能勉强了解到大概的意思。对语言学感兴趣的读者,建议将英文文本与德语原文比较阅读,或者查阅原文关键段落,有必要的话可以借助字典。标准德语文本收录在 *Kritische Studienausgabe*, ed. Giorgio Colli and Mazzino Montinari, Berlin: Walter de Gruyter, 1988. (Inexpensively reissued in 1999 by dtv.) 的第一卷。

尼采起草的第一版有副标题"解放了的普罗米修斯",这一版标题页的副本收录在 Friedrich Nietzsche, *Handschriften, Erstausgaben und Widmungsexemplare. Die Sammlung Rosenthal-Levy im Nietzsche-Haus in Sils Maria*, ed. Julia Rosenthal, Peter André Bloch, David Marc Hoffmann, Basel: Schwabe, 2009.

出版史及参考文献

William H. Schaberg, *The Nietzsche Canon. A Publication History and Bibliography*, Chicago, IL: University of Chicago Press, 1995.

传 记

Curt Paul Janz, *Nietzsche Biographie*, 3 vols, Munich: Hanser, 1978. Rüdiger Safranski, *Nietzsche. A Philosophical Biography*, London: Granta, 2003.

介绍性文本

入门级阅读,可以参考 James I. Porter's essay 'Nietzsche and Tragedy', in Rebecca W. Bushnell (ed.), *A Companion to Tragedy*, Oxford: Blackwell, 2005, pp. 86-104, 或者 James I. Porter, *The*

Invention of Dionysus, *An Essay on the Birth of Tragedy*, Stanford, CA: Stanford University Press, 2000。稍高于入门级的介绍性文本包括 M.S. Silk and J.P. Stern, *Nietzsche on Tragedy*, Cambridge: Cambridge University Press, 1983; Chapters 4-6 of Keith Ansell-Pearson (ed.), *A Companion to Nietzsche*, Oxford: Blackwell, 2006; 及 David B. Allison, *Reading the New Nietzsche*, Lanham, MD: Rowan & Littlefield, 2001。任何一部介绍尼采和尼采作品的论述都会有一节介绍他的第一本书, 比如 Gianni Vattimo, *Nietzsche: An Introduction*, trans. Nicholas Martin, London: Continuum, 2002; Michael Tanner, *Nietzsche*, Oxford: Oxford University Press, 1994; 或者 R.J Hollingdale, *Nietzsche. The Man and his Philosophy*, Cambridge: Cambridge University Press, 1999; Walter A. Kaufmann, *Nietzsche: Philosopher, Psychologist, Antichrist*, Princeton, NJ: Princeton University Press, 1974, 以及 Arthur C. Danto, *Nietzsche as Philosopher*, Chichester: Macmillan, 1965. A collection of critical material on Nietzsche, Peter R. Sedgwick, *Nietzsche: A Critical Reader*, Oxford: Blackwell, 1995.

评论性文本

最详细且最全面的评论, 德语和只评论了第 1~12 章（作者好像认为只有这一部分值得评论）的除外: 博士论文, Barbara von Reibnitz, *Ein Kommentar zu Friedrich Nietzsche*, "*Die Geburt der Tragödie aus dem Geist der Musik*", *Kap. 1-12*, Stuttgart: Metzler, 1992。还有 David Lenson, *The Birth of Tragedy*, *A Commentary*, Boston, MA: Twayne, 1987。已不再销售。

相关的笔记

Daniel Breazeale(ed.and trans.) , *Philosophy and Truth: Selections from Nietzsche's Notebooks of the Early 1870's*, Amherst, MA: Humanity Books, 1979.

Richard T. Gray(transl.) *Unpublished Writings from the Period of 'Unfashionable Observations'*, San Francisco, CA: Stanford University Press, 1999.

《悲剧的诞生》及尼采的哲学新风格

对尼采早期作品中与哲学改革相关的文体风格概念最透彻的分析,参见:Sarah Kofmann, *Nietzsche and Metaphor*, London: Athlone Press, 1993;另外,从整体角度审视尼采的风格,参见:Heinz Schlaffer, *Das entfesselte Wort. Nietzsche's Stil und seine Folgen*, Munich: Hanser, 2007. Gilles Deleuze, *Nietzsche and Philosophy*, New York: Columbia University Press, 1983. Gregory Moore, *Nietzsche, Biology and Metaphor*, Cambridge: Cambridge University Press, 2002. Silke-Maria Weineck, *The Abyss Above. Philosophy and Poetic Madness in Plato, Hölderlin, and Nietzsche*, New York: State University of New York Press, 2002.

《悲剧的诞生》与德国传统

Schopenhauer, *World of Will and Representation*, 2 vols, trans. E. F. J. Payne, New York: Dover, 1969. Richard Wagner, *Prose Works*, ed. and trans. W. A. Ellis, London: Kegan Paul, Trench, Trubner, 1899.

Keith Ansell-Pearson, *Nietzsche and Modern German Thought*, London: Routledge, 1991. Nicholas Martin (ed.), *Nietzsche and the German Tradition*, Bern: Peter Lang Publishing, 2003, 尤其是 pp. 40-82, Thomas H. Brobjer, 'Nietzsche as German Philosopher'. Nicholas Martin, *Nietzsche and Schiller. Untimely Aesthetics*, Oxford: Clarendon Press, 1996。克劳伊泽尔对尼采核心理论,浪漫主义象征理论的讨论,参见 Walter Benjamin, *The Origin of German Tragic Drama*, trans. John Osborne, London: Verso, 2009。尼采借鉴浪漫主义的讽刺理论,尤其是弗里德里希·施莱格尔的论文《论不可知》(1800),参见 Kathleen Wheeler, *German Aesthetic and Literary Criticism*, Cambridge: Cambridge University Press, 1984, pp.32-39。与《悲剧的诞生》尤为相关的两篇施莱格尔的论文,参见 *On Naive and Sentimental Poetry*, London: Ungar, 1966; *On the Aesthetic Education of Man in a Series of Letters* (1795), Bristol: Thoemmes Press, 1994。《悲剧的诞生》引出对希腊"静谧"概念的讨论,参见 Johann Jacob Winckelmann, *Gedanken über die Nachahmung der griechischen Werke in der Malerei und Bildhauerkunst* (1755)['Thoughts on the Imitation of Greek Works in Painting and Sculpture']。歌德至少有两部作品对尼采有着极大的影响,参见: Johann Wolfgang von Goethe, *Wilhelm Meisters Lehrjahre*, in Erich Trunz (ed.), *Goethes Werke* Hamburger Ausgabe, vol. 7, Munich: Beck, 1965, p.515。这部小说最好的翻译仍然是托马斯·卡莱尔翻译的:《威廉·迈斯特的学徒》(1824)。还有 *Faust*, Parts 1 and 2, *Goethes Werke* Hamburger Ausgabe in 14 vols, ed. Erich Trunz, Munich: Beck, 1981, vol.3。近期最好的译本是大卫·卢克翻译的 *Faust Part 1*, Oxford: Oxford World's Classics, 1998; *Faust Part 2*, Oxford: Oxford World's Classics, 2008.

尼采、悲剧和哲学

Schopenhauer, *World of Will and Representation*, 2 vols, trans. E. F. J. Payne, New York：Dover, 1969. Richard Wagner, *Prose Works*, ed. And trans. W. A. Ellis, London：Kegan Paul, Trench, Trübner, 1899。对尼采的艺术和悲剧的讨论，参见 Julian Young, *Nietzsche's Philosophy of Art*, Cambridge：Cambridge University Press, 1992; Arthur Nehamas, *Nietzsche：Life as Literature*, Cambridge, MA：Harvard University Press, 1985. Denis Schmidt, *On Germans and Other Greeks：Tragedy and Ethical Life*, Bloomington, IN：Indiana University Press, 2001. John Sallis, *Crossings：Nietzsche and the Space of Tragedy*, Chicago, IL：University of Chicago Press, 1991. Martin Heidegger, *Nietzsche*, trans. David Farrell Krell, San Francisco, CA：Harper & Row, 1991. Gilles Deleuze, *Nietzsche and Philosophy*, trans. Hugh Tomlinson, London：Continuum, 2006。理解尼采如此对待苏格拉底的动机，参见 Plato's *Symposium*, trans. Alexander Nehemas and Paul Woodruff, Indianapolis, IN：Hackett, 1989。艺术作为幻觉的副本，参见 *The Republic*, trans. Robin Waterfield, Oxford：Oxford University Press, 2008, 595Aff。洞穴隐喻（及柏拉图光、黑暗和影子的隐喻），514a-521b。从整体上讨论《理想国》，参见 Darren Sheppard, *Plato's Republic*, Edinburgh：Edinburgh University Press, 2009. Silke-Maria Weineck, *The Abyss Above. Philosophy and Poetic Madness in Plato, Hölderlin, and Nietzsche*, New York：State University of New York Press, 2002。对尼采受惠于康德和叔本华的讨论，参见 Jill Marsden, *After Nietzsche*, Basingstoke：Palgrave, 2002。后启

蒙运动倾向于从悲剧的角度看待自己状况的倾向,参见 David Farrell Krell, *The Tragic Absolute. German Idealism and the Languishing of God*, Bloomington, IN: Indiana University Press, 2005. Robert G. Morrison, *Nietzsche and Buddhism, A Study in Nihilism and Ironic Affinities*, Oxford: Oxford University Press, 1999. Freny Mistry, *Nietzsche and Buddhism, Prolegomenon to a Comparative Study*, Berlin: deGruyter, 1981. Also Part Ⅲ, Weaver Santaniellol(ed.), *Nietzsche and the Gods*, Albany, NY: State University of New York Press, 2001, pp.87-136。对东方思想的兴趣在 19 世纪的欧洲广泛存在,叔本华和尼采也不例外。然而,现有的译文和评论水平有限,因此欧洲对东方思想的误解也很广泛。这里,佛教思想就被简化成虚无主义。证明康德对尼采的重要作用,参见 Douglas Burnham, *Kant's Critique of Pure Reason*, Bloomington, IN: Indiana University Press, 2008, 及 Burnham, *Kant's Philosophies of Judgement*, Edinburgh: Edinburgh University Press, 2004.

尼采与神话

George S.Williamson, *The Longing for Myth in Germany. Religion and Aesthetic Culture from Romanticism to Nietzsche*, Chicago, IL: Chicago University Press, 2004. Dale Wilkerson, *Nietzsche and the Greeks*, London: Continuum, 2006; Weaver Santaniellol (ed.), *Nietzsche and the Gods*, Albany, NY: State University of New York Press, 2001. Jacques Derrida, ' White Mythology ' in *Margins of Philosophy*, trans. Alan Bass, New York: Harvester, 1982。需要注意,尼采并不是第一个思考神话的知识问题或文化可能性的人。跟很多人类学家一样,还有两个例子对尼采有影响:"德

国唯心主义走向系统的最老的项目"这是 1790 年代的一个文本片段,通常认为是黑格尔所著,这里讲到振兴神话,但要符合推理(参见翻译及评论: David Farrell Krell, *The Tragic Absolute*);还有谢林 1842 年的 *Historical-Critical Introduction to the Philosophy of Mythology*, trans. Mason Richey and Marcus Zisselsberger, Albany, NY: State University of New York Press, 2008.

尼采、音乐和瓦格纳

Richard Wagner, *Prose Works*, ed. and trans. W. A. Ellis, London: Kegan Paul, Trench, Trübner, 1899. Roger Hollindrake, *Nietzsche, Wagner and the Philosophy of Pessimism*, London: Allen and Unwin, 1982。综合评论尼采与音乐,参见 Georges Liébert, *Nietzsche and Music*, trans. David Pellauer and Graham Parkes, Chicago, IL: University of Chicago Press, 2004. Brian McGee, *The Tristan Chord: Wagner and Philosophy*, Basingstoke: Holt, 2002; Friedrich Nietzsche, *Der Musikalische Nachlass*, ed. Curt Paul Janz, Basel: Bärenreiter, 1976. Paul Schofield, *The Redeemer Reborn-Parsifal as the Fifth Opera of Wagner's Ring*, New York: Amadeus Press, 2007。关于古典和声与不协和音,参见, Charles Rosen, *The Classical Style. Haydn, Mozart, Beethoven*, London: Faber and Faber, 1997, p. 348. Babette E. Babich, *Words in Blood, Like Flowers. Philosophy and Poetry, Music and Eros, in Hölderlin Nietzsche and Heidegger*, Albany, NY: State University of New York Press, 2006. Theodor Wiesengrund-Adorno, *Mahler. A Musical Physiognomy*, Chicago, IL: University of Chicago Press, 1996,可能是分析后瓦格纳时代、后尼采时代音乐现象的很好例子。

尼采与小说

Thomas Mann, *The Magic Montain* (1913-24) , London：Everyman,
2005,阐释了尼采的衰落概念。*Doctor Faustus*：*The Life of the
German Composer Adrian Leverkuhn*, *as Told by a Friend*(1943-47) ,
New York：Modern Library,1966。这部小说以作曲家为主人
公,并从阿多诺的《现代音乐哲学》中提取关于音乐理论的内
容,探索的是尼采"艺人的形而上学"中政治和文化方面;小说
还有大段对不协和音的讨论。参见 James Schmidt, 'Mephistopheles
in Hollywood', in *Cambridge Companion to Adorno*, Cambridge：Cam-
bridge University Press,2004,pp.148-80.

瑞士的尼采

David Marc Hoffmann (ed.) , *Nietzsche und die Schweiz*, Zürich：
Strauhof, 1994. Friedrich Nietzsche, *andschriften*, *Erstausgaben und
Widmungsexemplare*. *Die Sammlung Rosenthal-Levy im Nietzsche-Haus
in Sils Maria*, ed. Julia Rosenthal, Peter André Bloch, David Marc
Hoffmann, Basel：Schwabe, 2009. Andrea Bollinger and Franziska
Trenkle, *Nietzsche in Basel*, Basel：Schwabe, 2000。对尼采有重大
影响的：Johann Jacob Bachofen (1861) , *Mutterrecht* (*Mother
Right*)：*A Study of the Religious and Juridical Aspects of Gyneocracy in
the Ancient World*, new translation in 5 vols, New York：Edwin
Mellen Press,2009.Alfred Bäumler, *Bachofen und Nietzsche*, Zürich：
Verlag der Neuen Schweizer Rundschau, 1929。近期作品,参见
Frances Nesbitt Oppel, *Nietzsche on Gender*, *Beyond Man and*

Woman, Charlottesville, VA: University of Virginia Press, 2005, 第二章和第三章探讨了尼采和巴霍芬的关系: ' the " Secret Source ": Ancient Greek Woman in Nietzsche 's Early Notebooks ', and ' *The Birth of Tragedy* and the Feminine ', pp.36-88。对巴霍芬和尼采的讨论尤其在 pp.48-49.另外, 关于现代历史, 参见: Jacob Burckhardt(1860), *The Civilisation of Renaissance in Italy*, trans.S.G.C.Middlemore, London: Penguin Classics, 1990.

尼采与历史

Dale Wilkerson, *Nietzsche and the Greeks*, London: Continuum, 2006. Françoise Dastur, Hölderlin and the Orientalisation of Greece ', *Pli*, *The Warwick Journal of Philosophy* 10(2000), pp.156-73。雅各布·布克哈特对尼采的影响很大, Jacob Burckhardt(1860), *The Civilisation of Renaissance in Italy*. trans. S. G. C. Middlemore, London: Penguin Classics, 1990。关于尼采历史谱系理论应用于后现代, 参见: Michel Foucault, ' Nietzsche, Genealogy, History ', in Paul Rabinow(ed.), *The Foucault Reader*, London: Penguin, 1991, pp.76-100.

尼采与科学

Babette E. Babich, *Nietzsche's Philosophy of Science. Reflecting Science on the Ground of Art and Life*, Albany, NY: State University of New York Press, 1994.Babette E. Babich, Robert S.Cohen(eds), *Nietzsche, Epistemology, and Philosophy of Science. Nietzsche and the Sciences*, 2 vols, Boston, MA: Kluwer, 1999. Gregory Moore and

Thomas H.Brobjer(eds) , *Nietzsche and Science*, Aldershot: Ashgate, 2004, 尤其是 Thomas H. Bobjer, ' Nietzsche ' s Reading and Knowledge of Natural Science: An Overview ', pp. 21-50. John Richardson , *Nietzsche's New Darwinism*, Oxford: Oxford University Press, 2004. Gregory Moore , *Nietzsche, Biology and Metaphor*, Cambridge: Cambridge University Press, 2002.

《悲剧的诞生》的来生

直接反应

Karlfried Gründer (ed.) , *The Quarrel about the Birth of Tragedy.* (Der Streit um Nietzsches *Geburt der Tragödie*, [contributors are Erwin Rhode, Ulrich von Wilamowitz-Moellendorff and Richard Wagner]) , Hildesheim: Olms, 1989.

尼采与美学现代性

Julian Young, *Nietzsche's Philosophy of Art*, Cambridge: Cambridge University Press, 1992。《悲剧的诞生》中艺术形而上学的元素, 在批评理论里的解放和美学调解等概念中得到了传承。参见 David R. Ellison, *Ethics and Aesthetics in Modernist Literature*, Cambridge: Cambridge University Press, 2001, 第四章。另见, Walter Richard Wolin, *Benjamin. An Aesthetic of Redemption*, Berkeley, CA: University of California Press, 1994. Theodor Wiesengrund-Adorno, *Aesthetic Theory*, London: Routledge, 1984, and Marcuse, *Eros and Civilisation*, Boston, MA: Beacon, 1955, (尤其是第七章: 美学维度)。另见, Philippe Lacoue-Labarthe and Jean-Luc

Nancy, *The Literary Absolute*, trans. Philip Barnard and Cheryl Lester, Albany, NY: State University of New York Press, 1988 以及 Jovanovski Thomas, *Aesthetic Transformations. Taking Nietzsche at his Word*, New York: Peter Lang Publishing, 2008。尼采的"美学主义",参见 Walter Benjamin, *The Origin of German Tragic Drama*, trans. John Osborne, London: Verso, 2009。查尔斯·波德莱尔的立场与尼采"美学象征主义"的相似性,参见 Baudelaire, *The Painter of Modern Life and other Essays*, London: Phaidon, 1970; *Les fleurs du mal* (The Flowers of Evil), Oxford: World's Classics, 1993,以及 Walter Pater, *Studies in the History of The Renaissance*, Oxford: World's Classics, 1998,尤其是"结论"一节。

尼采与他对德国文化和政治的影响

Stephen E. Aschheim, *The Nietzsche Legacy in Germany 1890—1990*, Berkeley, CA: University of California Press, 1994。尼采从保守主义到亲法西斯,参见: Houston Stewart Chamberlain, *The Foundations of the 19 th Century*, trans. John Lees, New York: Adamant Media Corporation, 2003. Oswald Spengler, *The Decline of the West*, trans. Charles Francis Atkinson, abridged, Oxford: Oxford University Press, 1991.

20 世纪的心理学

Sigmund Freud, *The Interpretation of Dreams*, Standard Edition of the Psychological Works, vols 4 and 5, London: Hogarth, 1975. Paul-Laurent Assoun, *Freud and Nietzsche*, London: Continuum, 2006.

现代主义美学

尼采所倡导的悲剧狂喜与安东尼·阿尔托有很大渊源,参见,
Antonin Artaud's *The Theatre and its Double*, London: Calder,
1970。尤其是他将戏剧与瘟疫对比,更是如此,参见 T. John L.
Styan, *Modern Drama in Theory and Practice*, particularly vol.2: *Symbolism, Surrealism and the Absurd*, Cambridge: Cambridge University
Press, 1983。有一大批法国学者研究尼采在法国各个领域的接
受情况,当然包括现代主义,参见 Jacques Rider, *Nietzsche en
France*, Paris: Presses Universitaires de France, 1999。对尼采影响
的历史性调研,参见 Paul Gordon, *Tragedy after Nietzsche,
Rapturous Superabundance*, Chicago, IL: University of Illinois Press,
2000. Leon Surette, *The Birth of Modernism. Pound, Eliot, Yeats, and
the Occult*, Montreal: McGill-Queens University Press, 1994, 这里
讨论了尼采对几个主要的现代主义作家的影响,并考察了他
们的英文作品中尼采的痕迹。James Frazer, *The Golden Bough*,
Basingstoke: Palgrave MacMillan, 2005。这本最初在 1890 年发
表时只有两卷,到 1915 年第三版扩展到十二卷。1915 年版又
重印成十五卷(Basingstoke: Palgrave MacMillan, 2005)。弗雷泽
本人在 1922 年编辑了一个只有一卷的缩简版,现在有平装本:
London: Penguin, 1996。对于像艾略特和叶芝这样的现代主义
诗人,《悲剧的诞生》与《金枝》构成了影响来源的一部分。
'The Own and the Foreign Orient. Schlegel, Nietzsche, Artaud,
Brecht. Notes on the Process of a Reception', in Erika Fischer-Lichte et al.(eds), *The Dramatic Touch of Difference*, Tubingen: Narr,
1990。尼采与当代文学作品和批评的关系,详细探讨参见
Douglas Burnham and Melanie Ebdon, 'Philosophy and Litera-

ture', in *The Continuum Companion to Continental Philosophy*, ed. John Mullarkey and Beth Lord, London: Continuum, 2009。讨论现代主义，参见 Kathryn Lindberg, *Reading Pound, Reading Nietzsche Modernism after Nietzsche*, Oxford: Oxford University Press, 1987. Theodor Wiesengrund-Adorno, *Mahler. A Musical Physiognomy*, Chicago, IL: University of Chicago Press, 1996，对后瓦格纳、后尼采时期音乐现象进行了音乐分析。William J. McGrath, *Dionysian Art and Populist Politics in Austria*, New Haven, CT: Yale University Press, 1974，分析了马勒与尼采早期的接触。

文化人类学

尼采文本的早期反响：Erwin Rhode (1894), *Psyche. Cult of Souls and Belief in Immortality in the Greeks*, London: Routledge and Kegan Paul, 1925, reprinted London: Routledge, 2000. Paul Bishop (ed.), 'Jung and Nietzsche', in *Jung in Contexts. A Reader*, London: Routledge, 1999, pp. 205-41。马林诺夫斯基明确表示《悲剧的诞生》作为一个基础文本，启发了他自己早期论文中的原创性方法，'Observations on Nietzsche's "The Birth of Tragedy"' 1904/05, in Robert J. Thornton, Peter Skalnik (eds), *The Early Writings of Bronislaw Malinowski*, Cambridge: Cambridge University Press, 1993. Tracy B. Strong, *Nietzsche and the Politics of Transfiguration*, Chicago, IL: University of Illinois Press, 2000，这里讲解尼采的人类学概念，并勾勒出卢梭、尼采和列维-斯特劳斯在人类学方法上的异同。Adorno's and Horkheimer's *Dialectic of Enlightenment* (1947), San Francisco, CA: Stanford University Press, 2002，本书将"原始"希腊与启蒙运动并置，尤其受了尼

采的文化心理学理论的影响。

尼采与后现代理论

与尼采类似的现代认识论理论,参见 Michel Foucault, *The Order of Things*, *An Archaeology of the Human Sciences*, London: Routledge, 2002;源自尼采的后现代权力理论,参见福柯的论文,' The Subject and Power', in Paul Rabinov(ed.), *Essential Works of Foucault* 1954-84, vol.3, London: Penguin, 2000, pp.326-48,以及 Michel Foucault, ' Nietzsche, Genealogy, History', in Paul Rabinow (ed.), *The Foucault Reader*, London: Penguin 1991, pp.76-100。对尼采在后现代理论方面影响的综合讨论,参见 Clayton Koelb (ed.), *Nietzsche as Postmodernist. Essays Pro and Contra*, New York: State University Press, 1990。近期认真对待《悲剧的诞生》的哲学家,参见 Gilles Deleuze, *Nietzsche and Philosophy*, trans. Hugh Tomlinson, London: Continuum, 2006, 第 1 章。另见 Paul de Man, *Allegories of Reading*, New Haven, CT: Yale University Press, 1979.

索 引

图书在版编目(CIP)数据

导读尼采《悲剧的诞生》/(英)道格拉斯·伯纳姆
(Douglas Burnham),(英)马丁·杰辛豪森
(Martin Jesinghausen)著;丁岩译.—重庆:重庆
大学出版社,2016.7(2023.6重印)
(思想家和思想导读丛书)
书名原文:Nietzsches the Birth of Tragedy
ISBN 978-7-5624-9862-9

Ⅰ.①导… Ⅱ.①道…②马…③丁… Ⅲ.①美学理
论—德国—近代 Ⅳ.①B83-095.16

中国版本图书馆 CIP 数据核字(2016)第 125924 号

导读尼采《悲剧的诞生》
DAODU NICAI BEIJUDEDANSHENG

道格拉斯·伯纳姆 马丁·杰辛豪森 著
丁 岩 译
责任编辑:邹 荣 版式设计:邹 荣
责任校对:关德强 责任印制:张 策
*
重庆大学出版社出版发行
出版人:饶帮华
社址:重庆市沙坪坝区大学城西路 21 号
邮编:401331
电话:(023)88617190 88617185(中小学)
传真:(023)88617186 88617166
网址:http://www.cqup.com.cn
邮箱:fxk@cqup.com.cn(营销中心)
全国新华书店经销
重庆市正前方彩色印刷有限公司印刷
*
开本:890mm×1168mm 1/32 印张:7 字数:169 千 插页:32 开 2 页
2016 年 7 月第 1 版 2023 年 6 月第 4 次印刷
ISBN 978-7-5624-9862-9 定价:35.00 元

Nietzsche's the Birth of Tragedy: A Reader's Guide, by Douglas Burnham and Martin Jesinghausen, ISBN: 9781847065858

© Douglas Burnham and Martin Jesinghausen, 2010
This translation is published by arrangement with Bloomsbury Publishing Plc.

版贸核渝字(2014)第 136 号

gu∧de

思想家和思想导读丛书

★表示已出版

思想家导读

思想家著作导读

思想家关键词

导读尼采

李·斯平克斯 著 丁岩 译

本书深入浅出地介绍了尼采的哲学思想，包括反人文主义(anti-humanism)，善与恶(good and evil)，虚无主义(nihilism)，强力意志(will to power)，以及尼采对传统历史思想提出的颇为激进的问题。

本书不仅为读者呈现尼采最具影响力的论著，也鼓励读者开始运用尼采哲学来研究文学、艺术和当代文化。

导读尼采《悲剧的诞生》

道格拉斯·伯纳姆
马丁·杰辛豪森   著 丁岩 译

这是一本针对尼采最重要著作——19世纪哲学的关键文本——的导读性作品。弗里德里希·尼采是19世纪最具争议性、重要性和影响力的思想家。《悲剧的诞生》——他的第一部著作——是一个经典文本，它对那些试图理解和发展尼采思想的人而言仍是必读书目。本书对这一极其重要且具有挑战性的作品提供了一个简洁、易于进入的指引，它是特别为那些第一次接触尼采的学生而写就的。